Stefan Schönberg

DRACHEN

für Einsteiger und Aufsteiger

Leicht verständliche Bauanleitungen, Windspiele und Flugtips

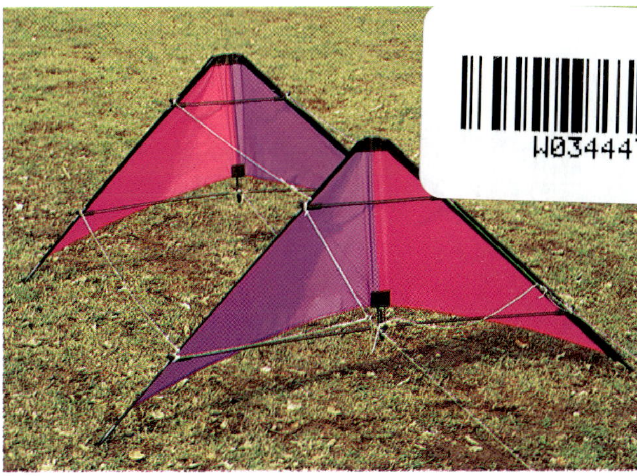

W0344474

frechverlag

Inhaltsverzeichnis

Zeichnungen: Stefan Schönberg
Fotos: frechverlag GmbH + Co. Druck KG, 70499 Stuttgart;
Fotostudio Ullrich & Co., Renningen; Corinna Schönberg; Bernd Bollhöfer

Materialangaben und Arbeitshinweise in diesem Buch wurden von dem Autor und den Mitarbeitern des Verlags sorgfältig geprüft. Eine Garantie wird jedoch nicht übernommen. Autor und Verlag können für eventuell auftretende Fehler oder Schäden nicht haftbar gemacht werden. Das Werk und die darin gezeigten Modelle sind urheberrechtlich geschützt. Die Vervielfältigung und Verbreitung ist, außer für private, nicht kommerzielle Zwecke, untersagt und wird zivil- und strafrechtlich verfolgt. Dies gilt insbesondere für eine Verbreitung des Werkes durch Film, Funk und Fernsehen, Fotokopien oder Videoaufzeichnungen sowie für eine gewerbliche Nutzung der gezeigten Modelle.

Auflage: 5. 4. 3. 2. 1. | Letzte Zahlen
Jahr: 2000 1999 98 97 96 | maßgebend

© 1996

frechverlag GmbH + Co. Druck KG, 70499 Stuttgart

ISBN 3-7724-2097-4 · Best.-Nr. 2097
Druck: frechverlag GmbH + Co. Druck KG, 70499 Stuttgart

Es ist immer wieder erstaunlich, mit welch einer Ausdauer so manch ein genervter Vater allherbstlich über die Stoppelfelder rennt, um in wenigen Minuten die gemeinschaftliche Bastelarbeit vom Vorabend zu zertrümmern. Schreiende Mütter und weinende Kinder beenden schließlich dieses uns allen aus der eigenen Erinnerung wohl bekannte Herbstzeitdrama. Diese Tradition möchte ich mit dem vorliegenden Buch endgültig beenden …

Drachen bauen und fliegen lassen ist mit Sicherheit kein Kunststück, aber ohne grundlegende Vorgaben wird auch der schönste, größte und bunteste Flieger meistens nur als Kinderzimmerdekoration sein Dasein beenden.

Seit über zwölf Jahren beschäftige ich mich nun mit Drachen. In dieser Zeit sind etwa 5000 Flugobjekte entstanden. Vieles, was man hierbei falsch machen konnte, wurde mit entsprechendem Eifer verbessert und nochmal verfeinert.

Ihnen möchte ich mit diesem Buch und den dargestellten Bauanleitungen nun ein wenig Mut machen, einen Drachen zu bauen und ihn das ganze Jahr hindurch fliegen zu lassen.

Viel Spaß beim Bauen und Fliegen wünscht Ihnen

Stefan Schönberg

Für Phileas und Phaeron

Einleitung

Kleiner historischer Abriß

Religion und Mythologie der Bevölkerung im asiatischen Raum vor ca. 2400 Jahren gelten heute allgemein als Ursprung für den Fesseldrachen in seiner überlieferten Vielfalt in Formen und Farben.

Erst im 14. Jahrhundert gelangte der Drachen auch nach Europa. Zu dieser Zeit hatte sich seine Form jedoch schon extrem von den asiatischen Typen entfernt.

Drachen wurden zum Zeitvertreib, aber auch zu wissenschaftlichen Zwecken und im militärischen Einsatz an den Himmel gebracht.

Das bekannteste wissenschaftliche Experiment aus dem Jahre 1752 machte Benjamin Franklin, als er einen Drachen im Gewittersturm steigen ließ, um elektrische Ladungen in den Wolken nachzuweisen.

Ende des 19. Jahrhunderts begann man sich für die Auftriebskräfte großer, kastenförmiger Drachen zu interessieren und machte Versuche mit menschentragenden Systemen. Diese Drachen hatten schon sehr starke Ähnlichkeit mit späteren Fluggleitern und Flugzeugen.

Ebenso interessant wie diese frühzeitlichen Flugübungen waren die meteorologischen Versuche mit Fesseldrachen an über 9700 Meter langen Seilen zur Messung von Windgeschwindigkeiten und Wettererscheinungen.

Schließlich versuchte man, sich sogar durch Drachenkraft ziehen zu lassen. Hierbei wurden große Drachenketten an einen Pferdewagen gespannt. Aber die Manövrierfähigkeit eines solchen Fahrzeugs war durch die Windrichtung doch sehr eingeschränkt.

In unserer heutigen Zeit hat der Drachen seine wissenschaftliche Bedeutung nahezu verloren. Ab und an werden noch vereinzelt Luftaufnahmen mit entsprechenden Drachentypen gemacht.

Bis vor etwa zwanzig Jahren wurden Drachen nur noch als Kinderspielzeug betrachtet. Dann jedoch versuchten sich wieder einige findige Tüftler an den klassischen Rautendrachen, veränderten die Aufhängung der Drachenschnur und entwickelten einen steuerbaren Drachen mit zwei Schnüren.

Diese Drachen ließen sich nun in alle Richtungen steuern: links, rechts, hoch und runter. Regelrechter Kunstflug war nunmehr möglich. Aus der statischen Grundkonstruktion war ein wieselflinker Luftakrobat geworden.

Parallel zu dieser Entwicklung begann auch eine Neuorientierung bei der Wahl der Werkstoffe für den Drachenbau. Hatte man sich in der Vergangenheit mit Baumwollstoffen, Papier und Fichtenholzleisten herumgeärgert (Gewicht und Festigkeit), so gibt uns die heutige Kunststoffindustrie Materialien in die Hand, die nahezu endlose Möglichkeiten in der Gestaltung bieten.

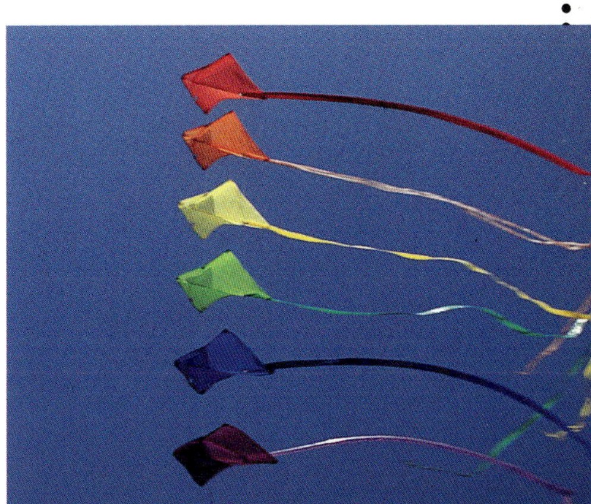

Objektkunde

Die Vielfalt der Erscheinungen am Drachenhimmel wird bestimmt durch die klassischen Modelle der Vergangenheit und von einer nahezu explosionsartigen Sturmflut an neuen Lenkdrachen und Typenkombinationen.
Jedes Modell zu erkennen und zu beurteilen wird also immer komplizierter. Lassen Sie sich jedoch nicht verwirren – die meisten Drachen lassen sich auf einen der folgenden Grundtypen zurückverfolgen.

1

Flachdrachen (1) sind uns wahrscheinlich aus der eigenen Kindheitserinnerung noch bekannt. Der klassische Rautendrachen ist sehr einfach zu bauen, aber seine Flugstabilität ist eher mäßig. Ohne langen Drachenschwanz läuft bzw. fliegt hier nichts. Eine weitere Hilfe beim Fliegen ergibt sich aus der Profilierung des Segels. Hierbei wird der Drachen leicht nach hinten abgespannt.
Man kann aber auch durch geschickte Materialwahl eine gewollte Flexibilität in den Drachen hineinbringen. Eine elastische Querstrebe läßt den Drachen von selbst seine optimale Form finden. Einen solchen Bogendiamantdrachen finden Sie als Bauanleitung in diesem Buch.

2

Deltadrachen (2) sind eigentlich auch Flachdrachen. Sie erreichen durch ihre Form und eine gewisse Flexibilität im Flügel jedoch eine optimale Eigenstabilität. Der Flügelkiel an der Drachenunterseite unterstützt zusätzlich das Richtungsverhalten des Deltadrachens.
Dieser Drachentyp benötigt keinen Drachenschwanz zur Stabilisierung. Durch die weit ausgelegten Flügel wird jedoch der Windbereich beim Delta etwas eingeschränkt. Dieser Drachen ist speziell für leichten bis mittleren Wind ausgelegt. Auch der Bau eines Deltadrachen wird in diesem Buch beschrieben.

Kastendrachen (3) stellen die höchsten Ansprüche hinsichtlich der Konstruktion und der Flugleistung. Es gibt Kastensysteme, deren Statik so kompliziert erscheint, daß man ohne Rechenleistung keinen Schritt vorankommen würde. Hier werden die Tüftler und Bastler immer wieder aufs neue herausgefordert.
Ein großer Teil der Segelflächen eines Kastendrachens dient nicht dem Auftrieb, sondern der Flugstabilität. Kastendrachen werden deshalb als Trägerdrachen für Windspiele, Kameras und ähnliche Lasten benutzt. Die einfache Kastendrachenkonstruktion in diesem Buch sollte Sie ruhig auch einmal zum Experimentieren herausfordern.

Lenkdrachen (4) sind das jüngste Glied in der langen Geschichte der Fesseldrachen. Sie haben der Drachenbewegung in den letzten Jahren einen regelrechten Boom beschert. Lenkdrachen bilden auch den Hauptanteil im gewerblichen Drachensektor. Hier entstehen zum Teil High-Tech-Flugmaschinen im Bereich von DM 500 und mehr. Solch ein Profiflieger sollte jedoch nicht Gegenstand dieses Buches sein. Zumal auch die handwerklichen Fähigkeiten ein extremes Niveau erreichen müssen und die verwendeten Materialien nicht gerade billig sind.
Die Lenkdrachen-Bauanleitungen in diesem Buch bieten ein repräsentatives Mittelfeld in puncto Schwierigkeitsgrad, Materialaufwand und Flugleistung.

Windspiele (5) sind ja eigentlich keine Drachen im vorangegangenen Sinne, aber sie bereichern das Erscheinungsbild eines jeden Drachens und bieten Ihnen unerschöpfliche Möglichkeiten der freien Gestaltung. Es wurde ihnen daher ein eigener Abschnitt gewidmet.

3

4

5

Detailkunde

Unabhängig für welchen Drachentyp Sie sich nun entscheiden, um einige Fachbegriffe werden Sie beim Bauen nicht herumkommen. Lassen Sie sich kurz ins „Fachchinesisch" der Drachenbauer einweisen. Das geht schneller und ist einfacher, als Sie denken.

Am wichtigsten ist es zu wissen, was man unter der **Ober- und Unterseite** eines Drachens versteht. Die sichtbare Fläche während des Fluges wird als Oberseite definiert.
Die zum Himmel gerichtete Spitze oder Kante des Drachens bezeichnet man als **Drachenspitze** oder **Leitkante.**
Drachenwaage werden sämtliche Schnüre genannt, die nicht als Steigleine dienen.

Weitere Bezeichnungen entnehmen Sie am besten der folgenden Übersicht:

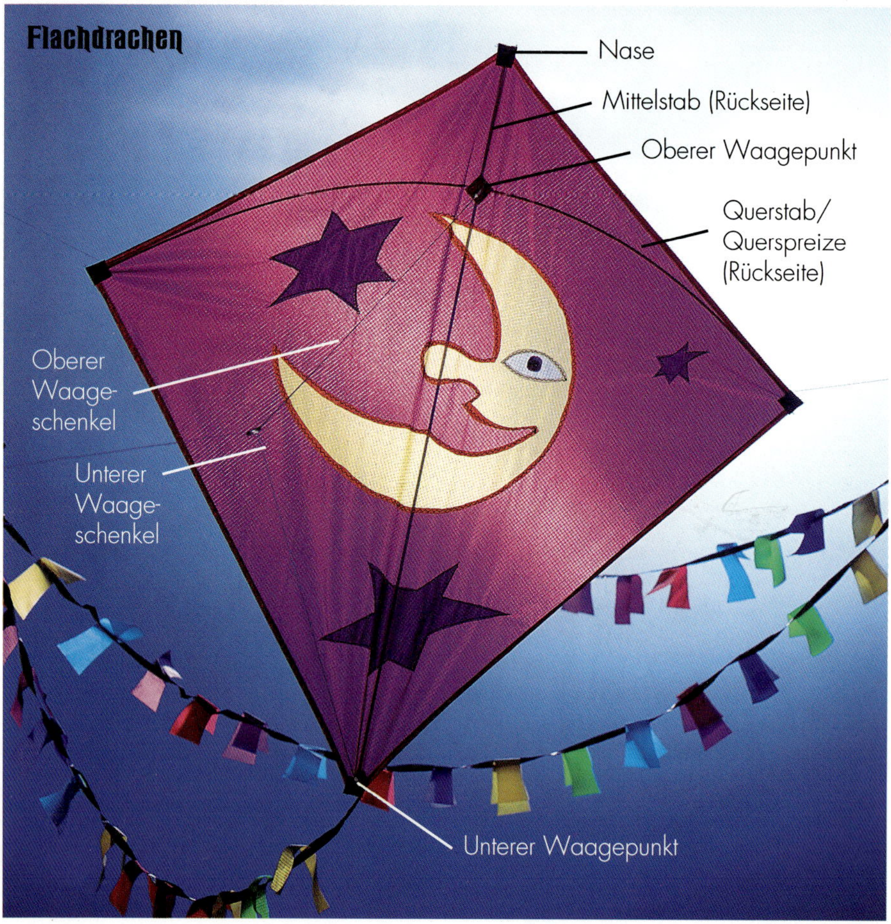

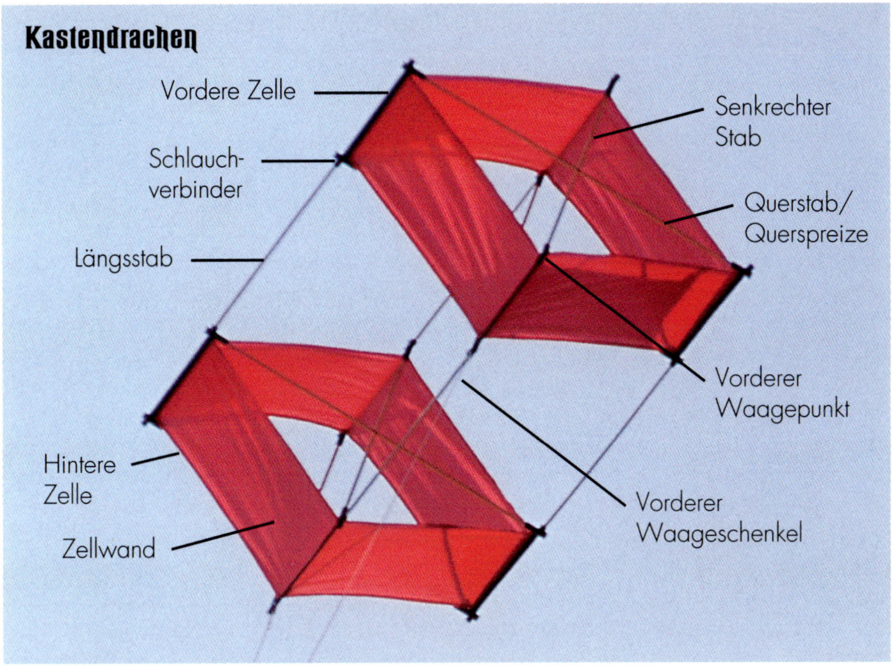
Kastendrachen
Vordere Zelle
Senkrechter Stab
Schlauch-verbinder
Querstab/ Querspreize
Längsstab
Vorderer Waagepunkt
Hintere Zelle
Vorderer Waageschenkel
Zellwand

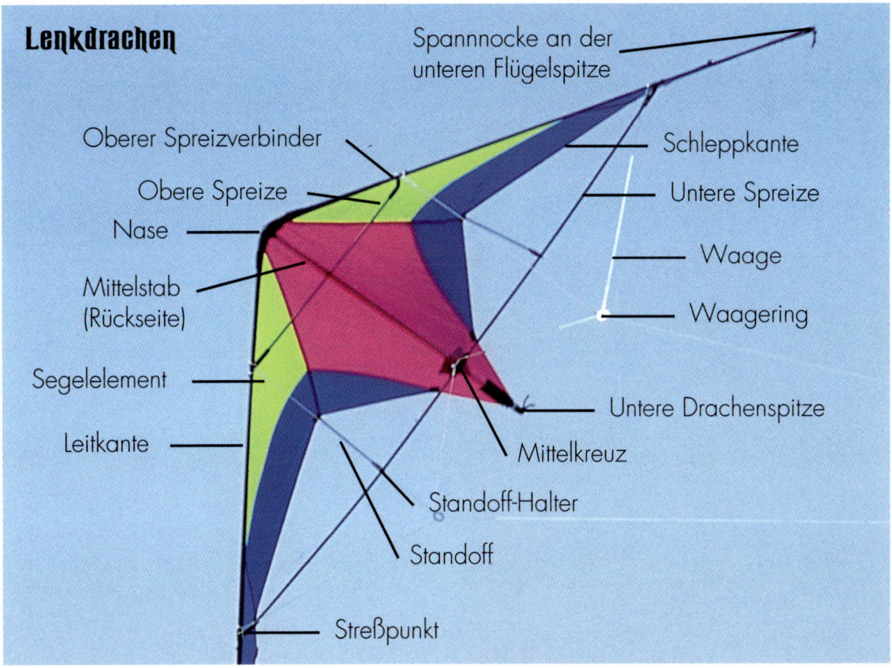
Lenkdrachen
Spannnocke an der unteren Flügelspitze
Oberer Spreizverbinder
Schleppkante
Obere Spreize
Untere Spreize
Nase
Waage
Mittelstab (Rückseite)
Waagering
Segelelement
Untere Drachenspitze
Leitkante
Mittelkreuz
Standoff-Halter
Standoff
Streßpunkt

Zubehör

Das wohl wichtigste Zubehör für jeden Drachen sind die Leinen. Hier aber gehen viele fleißige Bastler und Tüftler den bequemsten Weg und greifen nach der erstbesten „Strippe“, die irgendwo in der Küchenschublade herumfliegt. Und der Startversuch sorgt dann für lange Gesichter ...

Drachenschnüre sollten ein geringes Eigengewicht, aber eine hohe Zugfestigkeit aufweisen. Hierbei läßt sich leider keine Faustregel anbieten. Eine zu schwere Leine wird den Drachen zu Boden drücken, und eine zu dünn gewählte Schnur wird sicherlich irgendwann durchreißen. Je nach Flughöhe wird diesem Leinenriß ein mehr oder weniger weiter Fußmarsch folgen.

Bei allen Bauanleitungen finden Sie eine Empfehlung für die Drachenschnur. Auf gar keinen Fall darf die Leinenlänge über 100 Metern liegen. Aus Sicherheitsgründen gibt der Gesetzgeber hierzu entsprechende Richtlinien aus. Bei Lenkdrachen hat sich eine Länge von ca. 35 bis 40 Metern als ideal erwiesen.

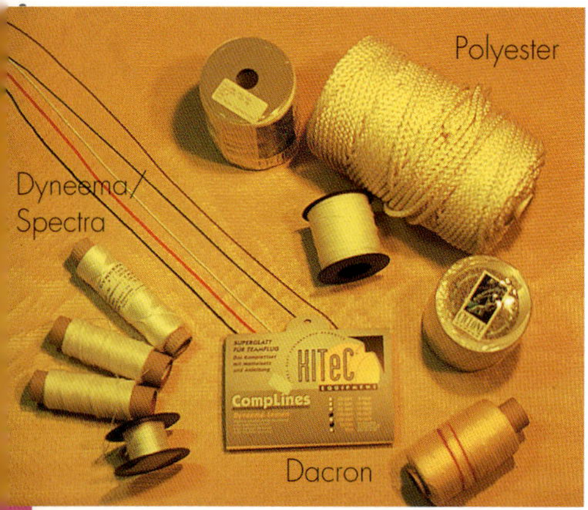

Und aus welchem Material werden Drachenschnüre gefertigt? Im Gegensatz zu vergangenen Tagen bestehen die Schnüre heute aus geflochtenen Kunstfasern. Die verschiedenen Kunststoffe haben allerdings unterschiedliche Eigenschaften in bezug auf die Festigkeit, Reibung und Dehnbarkeit.

Polyester- und **Nylonschnüre** sind die preiswertesten Leinen auf dem Markt. Das hohe Eigengewicht und die rauhe Oberfläche läßt sie jedoch nicht als Lenkdrachenschnur ausweisen.

Eine **Dacronschnur** ist dafür schon besser geeignet. Auch die geringere Dehnbarkeit erweist sich beim Lenkdrachen als Vorteil. Diese Schnur läßt sich als „All-round-Leine“ bezeichnen.

Ideal für den Lenkdrachen sind **Spectra-** und **Dyneemaschnüre**. Diese relativ teuren Leinen haben eine extrem glatte Oberfläche und eine sehr geringe Dehnbarkeit. Das Gewicht liegt im Verhältnis zur Festigkeit sehr niedrig. Solch eine Schnur sollte man jedoch nicht an einen normalen einleinigen Drachen hängen. Das Dehnungsverhalten einer Polyesterschnur wirkt hier fast wie ein (Wind-) Stoßdämpfer und schützt Ihren Drachen bei stark böigen Windverhältnissen. Würde aber ein Lenkdrachen an einer Schnur mit hoher Dehnbarkeit geflogen werden, würde er unkontrolliert wie an einem Gummiseil herumtanzen.

Beachten Sie beim Kauf der Drachenleinen die Empfehlungen in den Bauanleitungen.

Auf jeden Fall müssen die Schnüre am Leinenende geschützt werden. Dadurch soll verhindert werden, daß beim einfachen Knoten die Bruchfestigkeit bis zu 50 Prozent herabgesetzt wird.

Anleitung zum Schlaufenschutz:

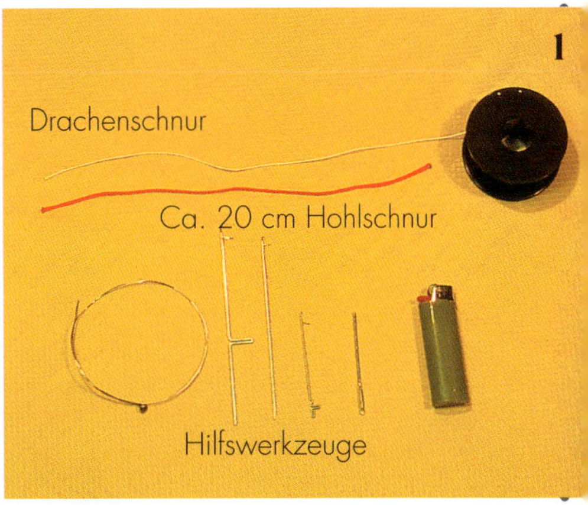

1 Schneiden Sie für jedes Leinenende ein ca. 20 cm langes Stück Hohlschnur ab. Verschmelzen Sie die Enden der Hohlschnur mit einem Feuerzeug.

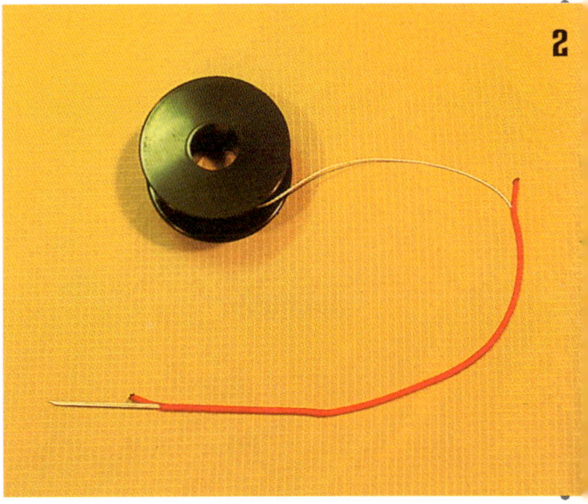

2 Ziehen Sie das Leinenende mittels einer Nadel oder einer Drahtschlaufe in die Hohlschnur.

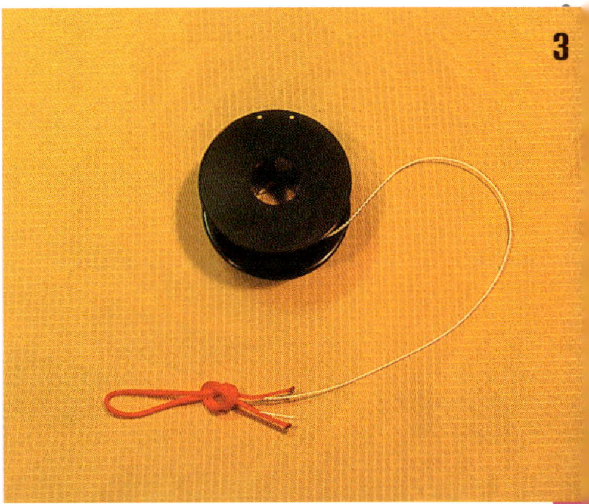

3 Knoten Sie nun eine Schlaufe innerhalb des gemantelten Leinenendes.

Zubehör

Damit Ihre Drachenleinen nicht als „Endlos-Knäuel" auf der Drachenwiese enden, bietet die Drachenindustrie diverse Rollen, Griffe und Haspeln an.
Beim Lenkdrachen kommt neben der Drachenspule als Wickelvorrichtung auch noch die Qual der Wahl für die entsprechenden Griffe zum Lenken hinzu.

Materialkunde

Fichtenleisten, Papier, Packschnur und Kleister – das waren lange Zeit die bekanntesten Zutaten für den allherbstlichen Drachentraum. Diese Träume sind aber oftmals schon sehr schnell wieder geplatzt, da diese Werkstoffe nicht sehr langlebig waren. Heute bietet die Kunststoffindustrie Werkstoffe mit nahezu idealen Voraussetzungen: leicht, stabil und langlebig.

Die Bespannung eines Drachens wird mittlerweile aus **Spinnakernylon** gefertigt. Dieses leichte und reißfeste Material wird in vielen leuchtenden Farben angeboten. Es wird ausschließlich genäht und kann mit speziellen Farben auch bemalt werden. Ich empfehle Ware mit einem Gewicht von 42 g/m^2.
Als Alternative bietet sich noch ein Vliesmaterial mit der Bezeichnung **Tyvek** an. Dieser Werkstoff liegt in seiner Festigkeit zwischen Papier und Spinnakernylon. Tyvek kann ganz herkömmlich geklebt und bemalt werden. Für einfache Drachen eignet sich dieses Material besonders.
Damit das Segel bei extremen Belastungen nicht beschädigt wird, muß es an bestimmten Stellen noch mit **Dacron** verstärkt werden. Diese Stellen werden in den Bauanleitungen gekennzeichnet.

Auch **Gurtbänder** zur Stoß- und Zugentlastung finden im Lenkdrachenbau eine Anwendung.

Holz-, Glas- oder Kohlefaserstäbe? Diese Entscheidung wird bestimmt durch die unterschiedlichen Ansprüche in bezug auf Gewicht, Festigkeit und Preis.

Holz ist das einfachste Material beim Drachengerüstbau. Raminholz ist hierbei sehr leicht und preisgünstig, hat aber nur eine geringe Festigkeit und muß auch gegen Feuchtigkeit imprägniert werden.

Glasfaserstäbe und -rohre liegen preislich im Mittelfeld und bieten eine stabile Alternative zu Holz. Das flexible Verhalten unterstützt diese Stabilität. Aber das Eigengewicht liegt etwas höher als bei Raminholz.

Kohlefaserstäbe und -rohre haben in den letzten Jahren immer mehr an Bedeutung gewonnen. Preislich sind sie immer noch am teuersten, aber die Preisentwicklung ist durch die hohe Stückzahl im gewerblichen Drachensektor durchaus positiv für den Verbraucher. Dieses Material hat alle gewünschten Eigenschaften: sehr leicht, stabil und langlebig. Lenkdrachen werden heute nahezu ausschließlich aus Kohlefaserstäben gefertigt. Drachen mit einem Gerüst aus Kohlefaserstäben sind gekennzeichnet durch ein direkteres und agressiveres Lenkverhalten. Lassen Sie sich von Ihrem Fachhändler auf jeden Fall gut beraten und vergleichen Sie die Preisdifferenzen bei der Wahl der Stäbe.

In den letzten Jahren hat es eine sehr lebhafte Entwicklung auf dem Drachensektor gegeben. Für jeden Zweck bietet die Drachenindustrie mittlerweile entsprechende Fertigteile an. Diese Kleinteile helfen Ihnen, für viele Detailprobleme eine einfache Lösung zu finden. Aber diese Fertiglösungen sind leider nicht immer zu jeder Zeit und an jedem Ort verfügbar. Die nebenstehenden Abbildungen geben Ihnen einen Überblick über die Fertigteile und entsprechende, „gebastelte" Alternativen. Allerdings läßt sich nicht jedes Fertigteil problemlos ersetzen. So bieten die preiswerten Schlauchverbindungen auf Dauer nicht die gleiche Festigkeit wie die angebotenen Fertigteile.

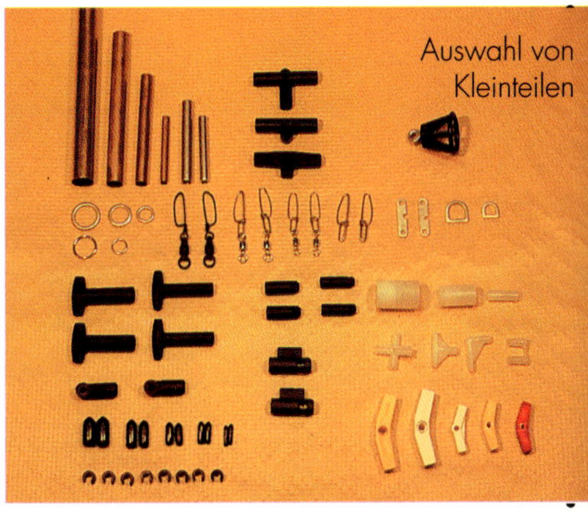
Auswahl von Kleinteilen

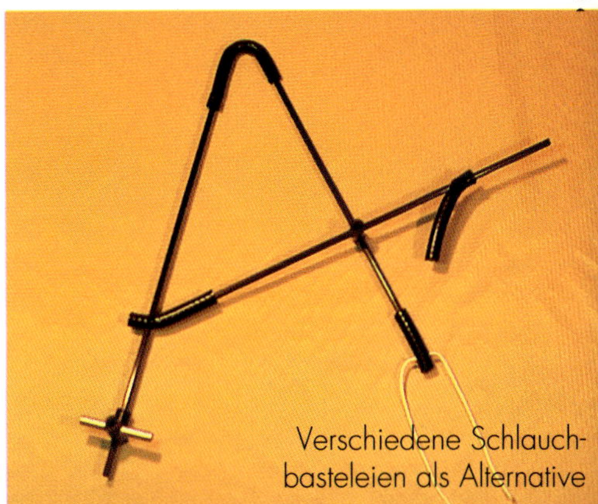
Verschiedene Schlauchbasteleien als Alternative

Werkzeugübersicht

Eine komplett eingerichtete Schreinerwerkstatt ist nicht nötig. Aber ein paar gute und funktionstüchtige Werkzeuge erleichtern Ihnen die Arbeit erheblich.

Beim Umgang mit Spinnakernylon wird auf jeden Fall eine Nähmaschine benötigt. Diese Maschine sollten Sie hinsichtlich der Benutzung und Justierung gut beherrschen. Lassen Sie sich ruhig eine entsprechende Einweisung erteilen. Ein paar Probenähte werden Ihnen den kalten Sprung ins Nähhandwerk erleichtern.

Auch an dieser Stelle wieder eine Übersicht:

Allgemeine Verarbeitungshinweise

Bevor Sie nun mit Ihren gesammelten Werkzeugen Jagd auf das frisch erworbene Baumaterial machen, möchte ich Ihnen doch noch einige allgemeine Tips geben und ein paar Tricks verraten:

● Die Skizzen sind bewußt einfach gehalten. Dreiecke werden mit drei entsprechenden Maßangaben dargestellt.
Zur Konstruktion eines solchen Dreiecks benötigen Sie zwei Zollstöcke. Nehmen wir als Beispiel den Kiel des Deltadrachens von Seite 24:
Zeichnen Sie sich die 75-cm-Kante des Dreiecks auf ein Blatt Papier oder Pappe. Markieren Sie auf dem ersten Zollstock das Maß „39 cm". Beim zweiten Zollstock wird das Maß „70 cm" markiert.
Legen Sie den ersten Zollstock an das linke Ende der 75-cm-Kante und den zweiten Zollstock an das rechte Ende der 75-cm-Kante. Suchen Sie nun den Schnittpunkt der beiden Zollstockmarkierungen durch ein entsprechendes Ausrichten, und markieren Sie diesen. Abschließend verbinden Sie die Endpunkte der 75-cm-Kante mit dem eingezeichneten Schnittpunkt. Und schon haben Sie Ihr Dreieck.

● Machen Sie sich zu jedem Drachen eine einfache Papierschablone, und übertragen Sie erst dann die Grundrisse auf das Segelmaterial. Achten Sie auf einen symmetrischen Faserverlauf beim Spinnakernylon. Die linke und rechte Hälfte der Drachensegel müssen spiegelsymmetrisch sein – das gilt jedoch nicht für die Farbgebung.

● Wird der Drachen bemalt, sollte die Farbe nicht zu dick aufgetragen werden. Auch ein einseitiger Farbauftrag wird zu einem Ungleichgewicht führen.

● Die Segelteile werden mit einer scharfen Schere ausgeschnitten. Legen Sie alle Teile zur Übersicht auf dem Fußboden aus. An dieser Stelle erhalten Sie dann einen ersten optischen Eindruck von dem Flugdrachen.

● Lesen Sie nun die Bauanleitung in aller Ruhe mehrfach durch. Sie sollten immer schon den übernächsten Arbeitsschritt vollständig verstanden haben. Dann werden sich kaum noch Fehler einschleichen können.

● Einfache Drachenkonstruktionen können auch aus Tyvek geklebt werden. Anstelle des beschriebenen Hohlsaums wird das Material zweimal umgelegt (jeweils ca. 7 mm) und verklebt. Die aufgeführten Dacronteile werden durch 2–4lagig aufeinandergeklebtes Tyvek ersetzt. Klebestellen können durch das „Auftackern" von Heftklammern unterstützt werden.

● Klebeflächen müssen immer trocken und sauber sein. Lassen Sie den Klebstoff entsprechend der Herstellerhinweise immer gut abbinden.

● Benutzen Sie zum Nähen ein 60er Polyestergarn mit einer hohen Reißfestigkeit und eine 80er Universalnadel.

● Nähen Sie mit einer Stichweitenlänge von ca. 3 mm. Bei zu kurzem Stichabstand wird das Material perforiert, und die Stoffe reißen entlang der Naht.

1

3

2

4

Nähen des Drachensegels:

Wird Ihr Drachensegel genäht, sollten Sie die obigen Abbildungen genau betrachten. Sie erleichtern Ihnen das Verständnis der Bauanleitungen.

Bitte vergleichen Sie diese Abbildungen auch mit den ausführlichen Textbeschreibungen in den einzelnen Bauanleitungen.

1 Einfache Kappnaht
zur Verbindung von zwei Stoffteilen.

2 Einfache Seglernaht
zur Verbindung von zwei Stoffteilen oder zur Applikation.

3 Hohlsaum
zum Einfassen der Stoffränder.

4 Dacrontunnel
als Stabtasche.

Ist das Segel fertiggestellt – egal ob geklebt oder genäht –, wird das Gestänge angepaßt. Nicht immer ist eine exakte Angabe in den Bauanleitungen möglich, da es beim Erstellen des Segels zu geringfügigen Abweichungen kommen kann.

Die Stäbe werden mit einer kleinen Universalsäge auf Länge geschnitten („abgelängt"). Hierbei ist es sinnvoll, die Schnittstelle vorher mit etwas Klebeband zu umwickeln, damit die Fasern auf der Oberfläche nicht herausgerissen werden.

Die Waage wird nun an den Drachen geknotet. Aber wie mache ich welchen Knoten? Die folgende Abbildung zeigt Ihnen, daß man auch mit einfachen Knoten immer die richtige Verbindung herstellen kann. Weitere Knotenhinweise finden Sie auf Seite 66.

Die Drachen müssen nicht auf ein halbes Prozent genau nachgebaut werden. Leichte Toleranzen beim Segel und Gestänge oder der Waage sind akzeptabel. Wichtig ist immer eine exakte Spiegelsymmetrie, damit Ihr Drachen nicht seitlich abschmiert ...

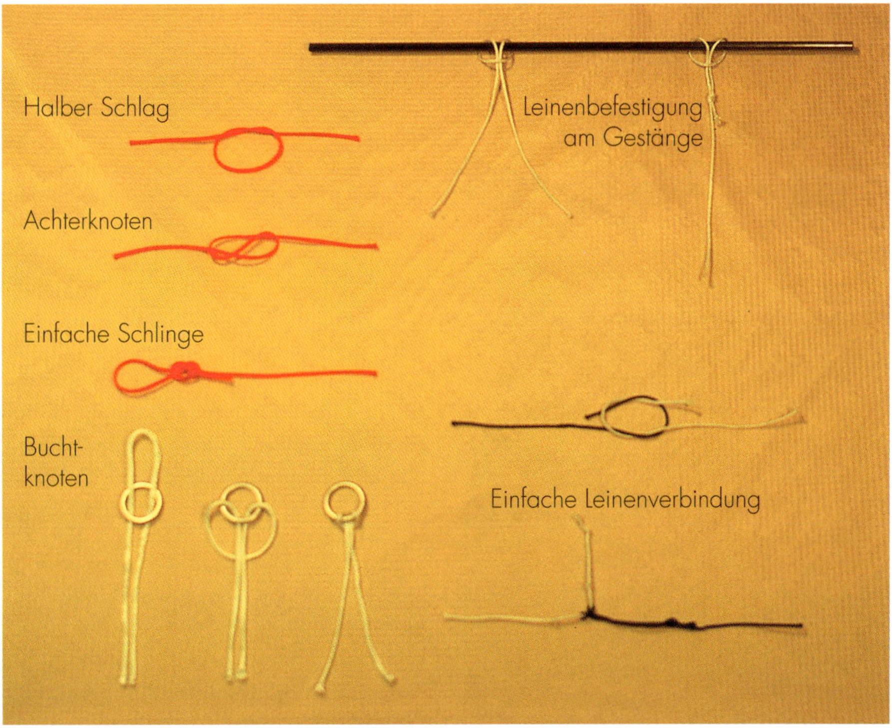

Dekorieren und Gestalten

Der Schwerpunkt bei den Baubeschreibungen der einzelnen Drachen liegt auf der exakten Darstellung der Konstruktion des jeweiligen Modells. Schließlich ist es am wichtigsten, daß Ihr Drachen gut fliegt. Damit aber nicht jeder Drachen nur einfarbig gebaut wird, folgen nun einige Anregungen, wie Sie Ihren Drachen optisch aufwerten und individuell gestalten können.

1 Die einfachste Methode, auch für kleinere Kinder, bietet sicherlich das Bemalen des Segels. Beim Tyvek eignen sich nahezu alle Farben, die Sie im Bastelgeschäft erwerben können. Beim Spinnakernylon ist die Auswahl schon etwas eingeschränkter. Stoffmalfarbe bildet hierbei die Hauptgruppe der verwendbaren Farben. Machen Sie auf jeden Fall eine Musterprobe, und beachten Sie die entsprechenden Verarbeitungshinweise des Farbenherstellers. Spinnakernylon wird zum Teil nur einseitig beschichtet und nimmt die Farben deshalb unterschiedlich auf.

2 Eine weitere Möglichkeit der Segelgestaltung liegt in der Applikation von Stoffsegmenten. Hierbei werden die gewünschten Objekte (Formen, Buchstaben, Figuren u. ä.) ausgeschnitten und auf das Drachensegel genäht. Das hinter dem Objekt liegende Segelteil wird anschließend mit einer kleinen Schere vorsichtig herausgetrennt. So kommen die Farben und ihre Leuchtkraft besser zur Geltung. Bücher zur Stoff- und Seidenmalerei oder Vorlagen für Fensterbilder bieten eine große Auswahl an ansprechenden Motiven.

3 Auch das Zusammensetzen von kleinen oder großen Reststücken zu einem Patchwork-Muster bietet eine reizvolle Möglichkeit der freien Gestaltung Ihres Drachens. Aus einem solchen Flickenteppich werden dann die benötigten Stoffteile nach Planmaß ausgeschnitten. Selbst das einfache Zusammennähen von Farbstreifen im Regenbogenverlauf ergibt eine schöne Grundfläche. Darüber hinaus lassen sich dabei Reste sinnvoll verwerten.

3

4 Etwas eingeengter wird der künstlerische Freiraum bei der Vorgabe von festgelegten Segelsegmenten. Diese Segmente ergeben meistens eine genau definierte Gesamtkonstruktion des Segels wieder. Eine Abänderung der Vorgaben ist oftmals nicht anzuraten. In diesem Fall haben Sie jedoch die Möglichkeit, den Einzelsegmenten unterschiedliche Farben zuzuweisen.

Zeichnen Sie sich doch einfach ein paar farblose Drachen mit der entsprechenden Segmentverteilung auf, und füllen Sie diese Felder mit Buntstiften farbig aus. Sie werden schon bald merken, daß ein Drachen mit zehn oder mehr Segmenten, selbst mit nur zwei bis drei geschickt zugeordneten Farben sehr viele Variationsmöglichkeiten bietet.

4

5 Selbstverständlich kann man die verschiedenen Gestaltungsmöglichkeiten auch mischen bzw. miteinander kombinieren.

Viele Künstler nutzen die Segelflächen von Fesseldrachen zur Darstellung ihrer Arbeiten. Lassen auch Sie Ihrer Phantasie ruhig mal etwas Freiraum, und nutzen Sie die endlosen Möglichkeiten dieser Selbstdarstellung.

5

Drachen bauen mit Kindern

Für Kinder gibt es nichts Langweiligeres, als den Erwachsenen beim Werken und Wirken tatenlos zusehen zu müssen. Deshalb bieten sich beim Drachenbau zwei Möglichkeiten der gemeinsamen, kreativen Zusammenarbeit mit den „lieben Kleinen".

Wenn Sie den Drachen nähen möchten, können Sie alle beschriebenen Modelle aus Tyvek (anstelle von Spinnakernylon) fertigen. Die etwas schlechtere Belastbarkeit des Materials wird durch die kindgerechtere Gestaltungsmöglichkeit aufgewogen. Lassen Sie die Kinder die fertigen Drachen einfach bunt bemalen. Denken Sie aber dabei auch an „kindgerechte" Farben (ungiftige Plakafarben, Fingerfarben, Filz- und Buntstifte).

Falls Sie den Drachen gemeinsam mit Kindern bauen möchten, dann bieten sich folgende Modelle an: Bogendiamantdrachen, Lenkdiamantdrachen, Kastendrachen und das Windspiel. Diese Modelle und Bauanleitungen sind so einfach gehalten, daß die beschriebenen Drachen aus Tyvek geklebt werden können. Sie benötigen keine Nähmaschine mehr. Es genügen vielmehr etwas Klebeband, Alleskleber und ein Heftklammergerät.

Hinweis:

Die Windstärke wird in „Bft." (Beaufort) angegeben, die Bruchlast in „daN" (Dekanewton). Das entspricht etwa einer Angabe in Kilogramm.

Bauanleitung Bogendiamantdrachen

Der Bogendiamantdrachen ist ein sehr einfacher Einsteigerdrachen mit einem geringen Aufwand an Material und Zeit. Dieser Drachen kann auch aus Tyvek geklebt werden. Besorgen Sie sich dafür noch einen Alleskleber und ein Heftklammergerät zum „Auftackern" von Eckverstärkungen.

Der Bogendiamantdrachen ist ein klassischer Flachdrachen, der an einer Leine geflogen wird. Bedingt durch das flexible Gestänge, paßt sich der Bogendiamant der Windgeschwindigkeit selbständig an (2–5 Bft.).

Als Flugleine genügt eine Polyesterleine mit ca. 25 daN Bruchlast und einer Länge von 50 bis 100 Metern.

Materialliste

- ❑ 1,00 m^2 Spinnakernylon (Spy-Nylon) oder Tyvek
- ❑ 0,30 m Dacron, 6–7 cm breit (entfällt bei der Herstellung aus Tyvek)
- ❑ 1 Kohlefaserstab, 100 cm lang, ø 4 mm
- ❑ 1 Glasfaserstab, 100 cm lang, ø 3 mm
- ❑ 2 Stabendkappen, ø 4 mm
- ❑ 2 Stabendkappen, ø 3 mm
- ❑ 2,00 m Waageschnur, ø 0,5–1 mm
- ❑ 1 kleiner Aluring

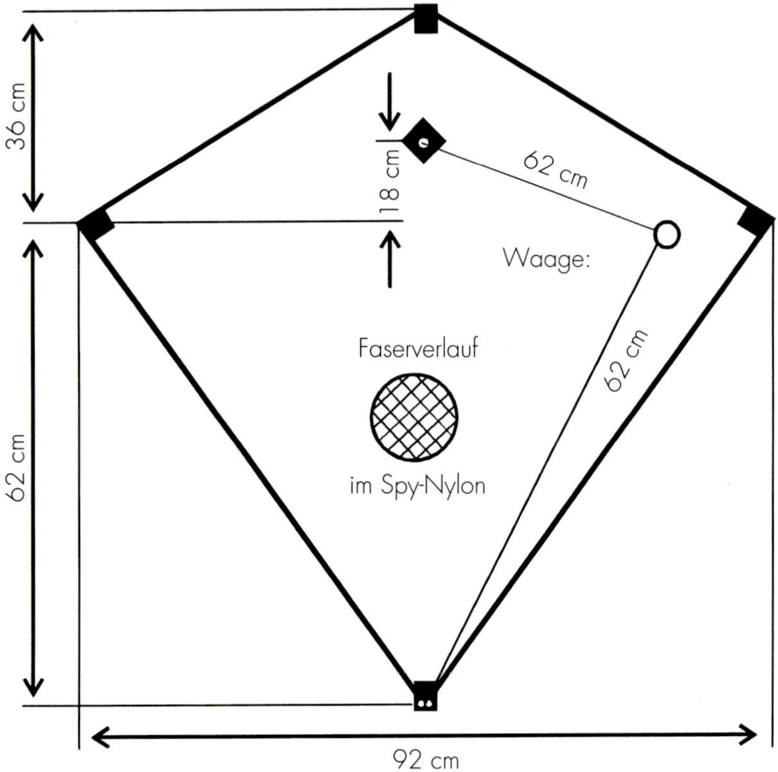

- Schneiden Sie das Drachensegel gemäß der Skizze aus.

1

- Die Außenkanten werden nun zweimal umgeschlagen (jeweils ca. 7 mm) und vernäht. Dieser Hohlsaum muß beim Tyvek nicht unbedingt genäht werden, es genügt eine geklebte Kante mit Alleskleber oder Klebeband.

- Die vier Eckpunkte des Segels werden mit je einer 2 x 2 cm großen Dacronlasche verstärkt. Beim Tyveksegel genügt das „Auftackern" einer Lasche aus 4 lagig gefaltetem Tyvek. Diese Eckenlaschen dienen zur Stabaufnahme.

- Markieren Sie nun den oberen Waagepunkt auf dem Segel, und verstärken Sie diesen Punkt mit einem 3 x 3 cm großen Stück Dacron. Beim Tyvekdrachen genügt wieder das Aufkleben von 3 bis 4 Lagen Tyvek an dieser Stelle. Die Verstärkung erhält nun noch mittig ein kleines Loch mit der Lochzange (ø ca. 1 mm).

- Auch die Verstärkung an der unteren Drachenecke wird gelocht. Hier sind es jedoch zwei kleine Löcher (ø ca. 1 mm).

- Der Mittelstab aus 4 mm starker Kohlefaser wird der Segellänge angepaßt und entsprechend abgelängt (= gekürzt). Auf die Stabenden werden die 4-mm-Stabendkappen aufgesetzt.

- Der 3 mm starke Glasfaserstab wird auf 95 cm abgelängt und dient als Querstab. Das Segel muß nun gespannt sein. Dabei liegt der Querstab zwischen dem senkrechten Stab und dem Segel in Form eines Bogens. Auch hier die Stabenden mit den Gummikappen „entschärfen".

- Knoten Sie nun die Waageleine an die Waagepunkte. Beachten Sie das Waagemaß aus der Skizze und die Fotos zur Veranschaulichung (siehe auch Seite 17).

- **Gestaltung des Drachens:**
Als Schmuck wurden Mond und Sterne ausgeschnitten und auf das Segel aufgenäht. Vorlagen finden Sie beispielsweise in Fensterbilder-Büchern. Eine solche Vorlage läßt sich auch mit Farbstiften auf ein Tyveksegel aufmalen (siehe Abschnitt „Dekorieren und Gestalten", Seite 18, Abbildung 1). Bei der Gestaltung können Sie Ihrer Phantasie freien Lauf lassen.

Tip Sollte der Drachen zu unruhig fliegen, wird ein Drachenschwanz an das untere Ende geknotet. Wie ein solcher hergestellt wird, erfahren Sie in dem Abschnitt „Drachenschwänze und Windspiele" (Seite 41-45).

2

3

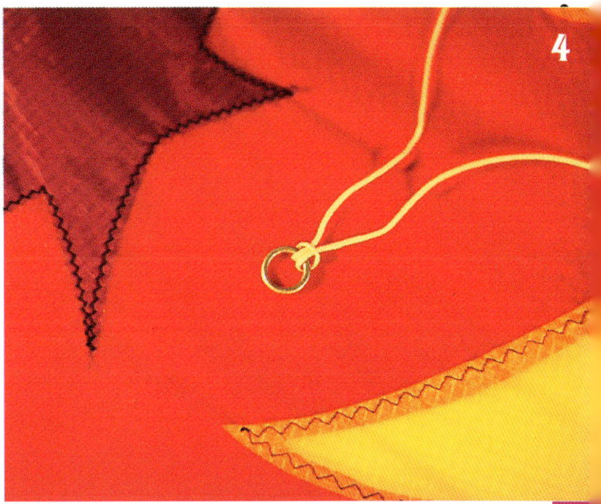
4

Bauanleitung Deltadrachen

Auch beim Deltadrachen handelt es sich um einen Einsteigerdrachen mit geringem Material- und Zeitaufwand.
Dieser einleinige Flachdrachen fliegt schon bei sehr wenig Windbewegung (ab 1 Bft.). Bei höheren Windgeschwindigkeiten (über 4 Bft.) sollte man das Holzgestänge durch 6 mm starke Glas- oder – noch besser – Kohlefaserstäbe ersetzen. Dabei steigt jedoch auch der Materialpreis.
Die Flugleine sollte mit ca. 25 bis 35 daN belastbar und 100 Meter lang sein.

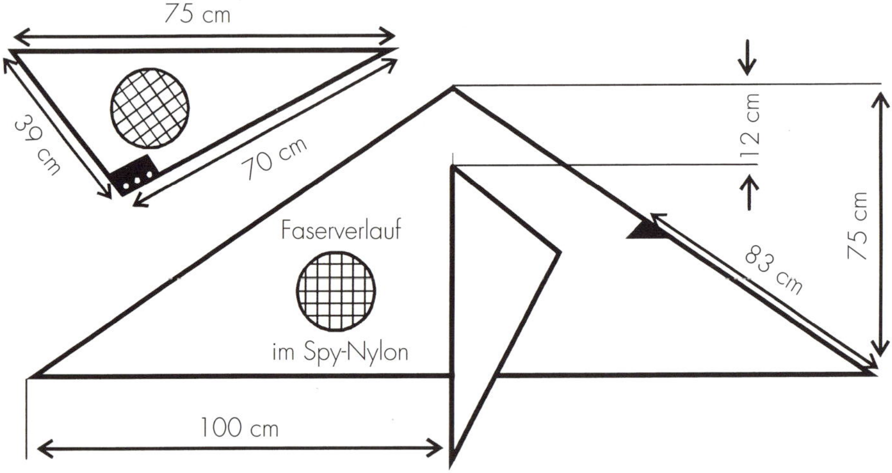

● Beginnen Sie mit dem Zurechtschneiden eines Stoffrechteckes in der Größe von 75 x 100 cm. Dieses Rechteck wird danach diagonal durchschnitten. Nun haben Sie zwei gleiche Flügelhälften.

● Die Flügelhälften werden an der 100-cm-Kante doppelt eingeschlagen (je 7 mm) und zum Hohlsaum vernäht.

● Zur Aufnahme der Querspreize auf der Drachenrückseite wird jetzt ein kleines Dacrondreieckstäschchen auf die Segelrückseite genäht. Nehmen Sie hierfür ein 6 x 6 cm oder 7 x 7 cm großes Dacronquadrat, und falten Sie es zu einem Dreieck (Seite 26, Abbildung 1). Die Position auf der diagonalen Segelkante befindet sich bei 83 cm, gemessen von der äußeren Flügelspitze.

● Auf die diagonale Schnittkante wird ein Stabtunnel aus Dacron genäht. Hierfür wird das 6 bis 7 cm breite Dacron in der Mitte gefalzt. Das Drachensegel wird dann bis zur Falzkante in den Tunnel eingelegt. Bemessen Sie die Dacronlänge so, daß Sie das Dacron an der äußeren Flügelspitze ca. 15 cm umlegen können. Beim Festnähen des Dacrontunnels

Materialliste

- ❑ 1,20 m^2 Spinnakernylon für die Flügel
- ❑ 0,40 m^2 Spinnakernylon für den Kiel
- ❑ 4,00 m Dacron, 6–7 cm breit
- ❑ 3 Raminrundstäbe, 100 cm lang, ø 6 mm
- ❑ 1 Raminrundstab, 100 cm lang, ø 8 mm
- ❑ 1 Splitkappe, ø 6 mm
- ❑ 0,20 m Gummileine, ø 2–3 mm

1

2

3

an dem Segel müssen Sie an der äußeren Flügelspitze eine ca. 2 cm lange Nahtunterbrechung beachten. Hier wird später der Flügelstab in den Dacrontunnel eingeschoben. Das nebenstehende Detailfoto (Abbildung 2) wird Ihnen bei diesem Arbeitsgang eine Hilfe sein.

- Schneiden Sie nun den Kiel aus.

Die 39-cm-Kante und die 70-cm-Kante werden mit einem Hohlsaum (7 mm breit) versehen.

- An der gemeinsamen Spitze der gesäumten Kanten wird nun ein 3 x 5 cm großer Dacronstreifen von beiden Seiten auf den Kiel genäht (Abbildung 3).

In diese Dacronverstärkung werden drei Löcher (ø 2 bis 3 mm) gestanzt.

- Das folgende Vernähen der beiden Flügelhälften erfordert ein wenig mehr Geschick. Hierbei werden die Flügelhälften und der Kiel in der Reihenfolge Flügel–Kiel–Flügel aufeinandergelegt. Achten Sie aber darauf, daß die obere Kielspitze 12 cm versetzt unterhalb der Segelspitzen liegt. Der Kiel schaut demnach auch aus dem „Segelsandwich" heraus (Abbildung 4, 5 und Skizze).

- Richten Sie die aufeinanderliegenden Stoffteile so aus, daß die 75-cm-Kanten eine gemeinsame Kante bilden.

- Nähen Sie nun mit 15 mm Abstand zu dieser Kante die Stoffteile mit einer geraden Naht zusammen. Sichern Sie die Naht am Beginn und am Ende durch einen Nahtriegel (kurzes Hin- und Hernähen).

- Schneiden Sie eventuell überstehende Dacronzipfel entlang der Kante einfach ab.

● Wenn Sie an dieser Stelle das Segel auseinanderfalten, sollte der Kiel nach unten hängen und die 15-mm-Nahtkante nach hinten abstehen.

● Auf diese 15-mm-Nahtkante wird nun ebenfalls ein Dacrontunnel genäht (Abbildung 4). Auch dieses 6 bis 7 cm breite Dacron wird mittig gefalzt. Legen Sie aber diesmal das Segel nur 15 mm tief in den Tunnel ein. Die vorangegangene Mittelnaht dient hierbei als Hilfslinie.
Das Dacron wird an der Drachennase umgelegt (ca. 10 cm) und verschließt somit den Stabtunnel. Hingegen bleibt das Tunnelende an der unteren Kielspitze geöffnet, um einen Mittelstab einschieben zu können. Das Dacron wird an dieser Spitze ebenfalls ca. 10 cm länger bemessen und wie ein Hemdsärmel nach außen umgekrempelt. Somit liegt das Material an dieser Stelle doppelt (Abbildung 5).

● An dieser Position wird ein 3 mm großes Loch in das Dacron gestanzt.

● Schieben Sie nun die Flügelstäbe aus 6-mm-Raminrundholz mit einer Länge von 96 cm in die Flügeltaschen. Die Stäbe reichen dabei nicht bis zur Drachennase, sondern liegen in der Flügelspitze an.
Runden Sie alle Stabenden etwas ab (mit Schleifpapier o. ä.).

● Der Mittelstab aus 6-mm-Raminholz wird ebenfalls auf 96 cm abgelängt. Er wird in die Mittelstabtasche geschoben und mit einer Splitkappe versehen. Auch hier die Stabenden mit Schleifpapier abrunden.

● Das Segel wird mittels der Gummileine und der aufgesetzten Splitkappe verspannt (Abbildung 5).

4

5

● Der Querstab aus 8-mm-Raminrundholz wird auf eine Länge von 67 cm zurechtgeschnitten. Er wird in die rückseitigen Dreieckstäschchen gesteckt, die Stabenden abrunden.

● Je nach Windgeschwindigkeit wird die Flugleine in einem der drei Löcher im Kiel befestigt. Bei leichtem Wind wählt man das vordere Loch. Bei unruhigem Flugbild und ausreichend Wind befestigt man die Flugleine an einem der hinteren Löcher (Abbildung 3).

Lenkdiamantdrachen

Ähnlich wie der Bogendiamantdrachen erfordert der Lenkdiamantdrachen nur einen geringen Zeitaufwand bei mäßigem Materialaufwand. Dieser einfache Lenkdrachen paßt sich der Windgeschwindigkeit selbständig an und läßt sich von daher sehr einfach steuern. Er kann wahlweise geklebt oder genäht werden. Der Windbereich liegt bei 3 bis 6 Bft.

Für diesen Drachen benötigen Sie zwei Flugleinen mit einer Länge von 25 bis 35 Metern und einer Bruchfestigkeit von ca. 15 bis 25 daN.

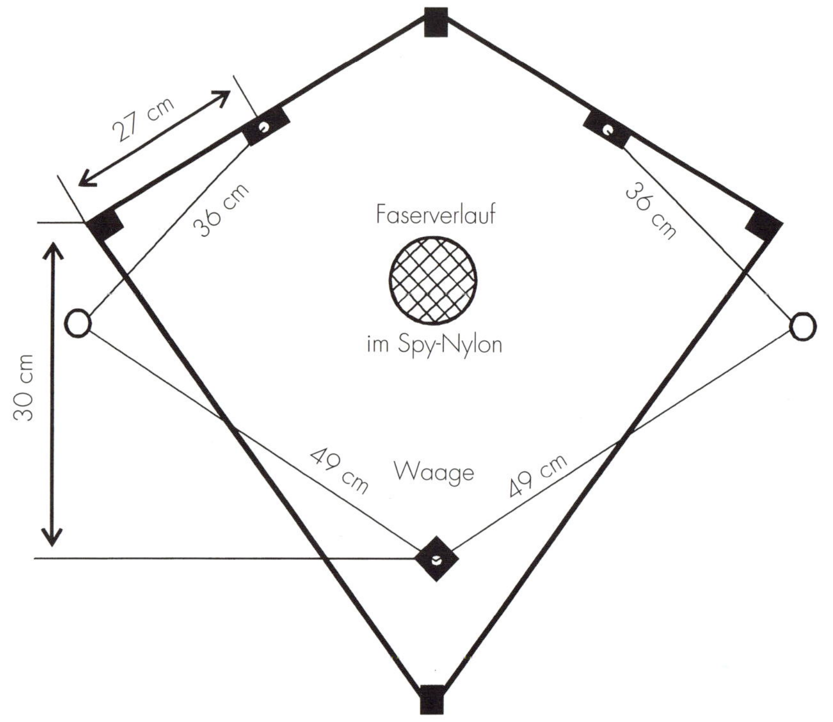

Materialliste

- ❑ 1,00 m² Spinnakernylon oder Tyvek
- ❑ 0,50 m Dacron, 5–7 cm breit (entfällt beim Tyvek)
- ❑ 2 Glasfaserstäbe, 100 cm lang, ⌀ 4 mm
- ❑ 4 Stabendkappen, ⌀ 4 mm
- ❑ 0,10 m Gewebeschlauch, ⌀ 6 mm
- ❑ 3,00 m Waageleine, ⌀ ca. 1 mm
- ❑ 2 kleine Aluringe
- ❑ 1 Schlauchschwanz für Lenkdrachen oder 10 m Absperrband für Baustellen

1

2

3

● Schneiden Sie sich das Segel nach der Planvorgabe des Bogendiamantdrachens aus (die Grundmaße sind identisch). Auch beim Lenkdiamanten werden die Außenkanten zweimal umgeschlagen (jeweils 7 mm) und zum Hohlsaum vernäht. Der Tyvekdrachen wird an dieser Stelle nicht genäht, sondern nur geklebt (vgl. Seite 22, Abbildung 1).

● Die vier Eckpunkte des Segels werden mit je einer Dacronlasche (2 x 3 cm) verstärkt. Diese Laschen dienen ebenfalls zur Stabaufnahme (Abbildung 4). Beim Tyvekdrachen werden die Laschen aufgetackert. Nehmen Sie anstelle des beschriebenen Dacrons wieder einen Streifen aus 4 lagigem Tyvek.

● Verstärken Sie den unteren Waagepunkt auf dem Segel mit einem Dacronquadrat 5 x 5 cm. Schneiden Sie in diese Verstärkung ein 12 mm großes Loch. Diese Verstärkung wird beim Tyvekdrachen aufgeklebt. Nehmen Sie anstelle des Dacrons ein 2 lagiges Tyvekstück.

● Die beiden oberen Waagepunkte auf dem Segel werden mit Dacron- bzw. Tyvekstreifen (je ca. 3 x 8 cm) ebenso verstärkt. Schneiden Sie jeweils ein 12 mm großes Loch hinein (Abbildung 1 und 2).

● Von dem 6-mm-Gewebeschlauch benötigen Sie vier Stücke mit einer Länge von ca. 2 cm. Diese Schlauchstücke werden quer durchbohrt (3 mm Loch). Das vierte Schlauchteil bekommt eine zweite Bohrung um 90 Grad versetzt (Abbildung 3). Das zweifach gebohrte Schlauchteil dient als Mittelkreuz. Die drei übrigen Teile fixieren die Waageschnur auf dem Gestänge.

● Schneiden Sie den Mittelstab aus 4-mm-Glasfaser auf die Länge von 94 cm. Eventuell müssen Sie den Stab dem Segel anpassen und das Maß entsprechend verändern.

● Schieben Sie den Mittelstab durch die Bohrung des zweifach gebohrten Schlauchstückes und die Bohrung eines der drei restlichen Schlauchteile. Stecken Sie nun noch die Endkappen auf den Stab, und setzen Sie ihn in das Segel, d. h. in die Dacrontaschen an den Spitzen, ein.

● Die 4-mm-Querstrebe wird auf 98 cm abgelängt. Dabei verläuft der Stab deckungsgleich über die Löcher in der Dacronverstärkung zur linken und rechten Waagebefestigung. Auch an dieser Stelle kann eine Maßabweichung möglich sein. Passen Sie das Gestänge dann dem Drachen an.

● Schieben Sie die Querspreize durch den Mittelverbinder (aus Schlauch), und stecken Sie die beiden letzten Schlauchstücke jeweils rechts und links auf die Querspreize. Abschließend werden wieder die Endkappen auf die Stabenden gesteckt und die Querspreize in die Dacrontaschen auf dem Segel eingepaßt. Der Kreuzpunkt von Mittelstab und Querspreize liegt ca. 15 cm unterhalb der oberen Drachenspitze. Die Querspreize muß an diesem Punkt mittig angesetzt werden. Markieren Sie sich diesen Punkt auf beiden Stäben durch kurze Klebebandstreifen. Diese Streifen werden um das Gestänge gewickelt und sichern das Schlauchstück gegen ein unbeabsichtigtes Verrutschen (Abbildung 4).

● Schieben Sie nun die restlichen Schlauchteile auf die Positionen der jeweiligen 12-mm-Löcher in den Dacronverstärkungen.

● Auch hier wird ein Verrutschen vermieden, indem wieder Klebeband zum Einsatz kommt.

● Die Waageleine wird in folgender Weise am Gestänge befestigt: Schieben Sie die Leine durch das Schlauchteil hindurch und am Gestänge vorbei. Legen Sie die Leine um das Gestänge, und fädeln Sie das Leinenende wieder zurück durch den Schlauch, um es schließlich zu verknoten (Abbildung 5).

● Die Waagemaße entnehmen Sie der Skizze.

Tip Damit der Drachen nicht zu hektisch fliegt, sollten Sie einen Drachenschwanz anbringen. Einen Schlauchschwanz finden Sie in dem Abschnitt „Drachenschwänze und Windspiele". Es eignet sich aber auch Absperrband (rotweißes Flatterband) aus Baufachmärkten.

4

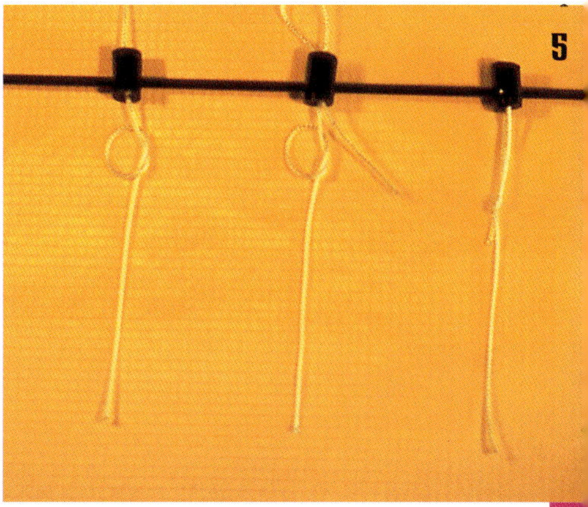

5

Kastendrachen

Diese räumliche Drachenkonstruktion erfordert schon ein wenig mehr Zeitaufwand als die vorangegangenen Modelle. Die Materialkosten liegen auf einem mittleren Niveau. Auch dieser Drachen kann aus Tyvek geklebt werden.
Der Kastendrachen benötigt etwas mehr Wind als die Flachdrachen (etwa 3 bis 6 Bft.), hat aber eine enorme Flugstabilität zu bieten. Die eigenwillige Kastenform läßt immer wieder die gleiche Frage beim Betrachter erklingen: „... fliegt der denn auch?"
Als Flugleine eignet sich eine Polyesterschnur mit einer Bruchfestigkeit von ca. 25 bis 30 daN bei einer Länge von 100 Metern.

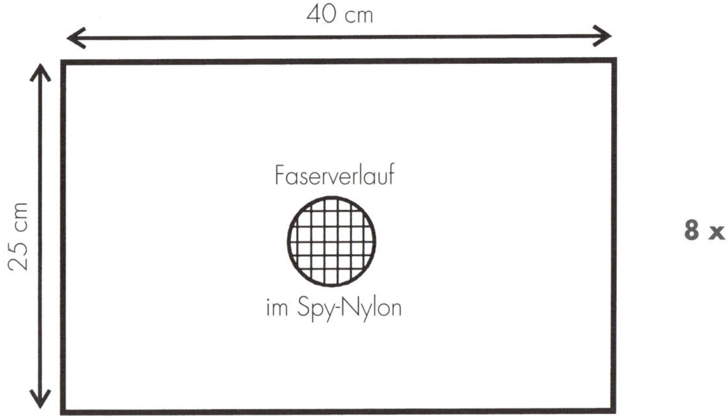

Materialliste

- 1,00 m² Spinnakernylon oder Tyvek oder 8 Streifen 40 x 25 cm für die Zellwände
- 2,00 m Dacron, 3 cm breit (entfällt beim Tyvek)
- 10 laufende Meter Raminrundholz, ø 6 mm
- 1,00 m Gewebeschlauch, ø 6 mm
- 2,50 m Waageleine, ø ca. 1 mm
- 1 kleiner Aluring

- Schneiden Sie acht Stoffrechtecke mit dem Maß 40 x 25 cm aus.
- Diese Zellwände müssen nun an der 40-cm-Kante zum Hohlsaum umgenäht werden. Beim Tyvekdrachen genügt das Umlegen und Verkleben der 40-cm-Kante (7 mm breit).

Die vordere und die hintere Kastenzelle werden aus je vier Zellwänden erstellt. Deshalb müssen Sie die folgenden Anweisungen zweimal durcharbeiten:

- Legen Sie zwei Zellwände aufeinander, und nähen Sie diese Stoffteile an der 25-cm-Kante zusammen. Die Naht muß am Nahtbeginn und auch am Nahtende gut verriegelt werden. Der Nahtabstand von der Stoffkante beträgt 15 mm. Der Tyvekbastler legt zwei Zellwände aneinander und verklebt diese Teile miteinander – dabei überlappen sich die 25-cm-Kanten um 15 mm (gut abbinden lassen).

- Verbinden Sie nun in der beschriebenen Arbeitsweise vier Stoffteile miteinander. Dabei muß die 15 mm Nahtzugabe immer auf der gleichen Seite liegen.

- Vernähen bzw. verkleben Sie diese lange Stoffbahn zu einem Ring, indem Sie die 25-cm-Kante der ersten Zellwand auf die 25-cm-Kante der vierten Zellwand legen. Beim Tyvekdrachen ergibt sich ein geschlossener Tyvekring. Die Tyvekbastler überspringen nun die nächsten drei Punkte.

1

- Der Stoffring muß nun so gewendet werden, daß die vier 15 mm breiten Nahtzugaben nach außen abstehen.

- Auf diese Nahtzugaben wird ein Stabtunnel aus 3 cm breitem Dacron genäht. Falzen Sie das Dacron vorher genau mittig, und schneiden Sie es in acht Teilstücke mit einer Länge von je 22 cm.

- Diese Dacrontunnel werden nun auf die abstehenden 15 mm Nahtzugaben der Kastenzelle genäht. Achten Sie darauf, daß die Naht im Abstand von 2 mm zur Dacronkante verläuft und ebenfalls gut verriegelt wird. Wird dieser Nahtabstand zum Dacron nicht eingehalten, kann es beim Einschieben der Stäbe zu Problemen kommen.

- Fertigen Sie nun 16 Schlauchstücke mit einer Länge von je 4 cm an. Diese Schlauchstücke werden mit einer 6-mm-Holzbohrerspitze durchbohrt. Das Loch befindet sich ca. 1 cm von dem Schlauchende entfernt (Abbildung 1).

- Schneiden Sie 16 weitere Schlauchstücke mit einer Länge von je 1 cm zu. Diese Schlauchringe fungieren als Stopper und verhindern das Verrutschen der Kastenzellen auf dem Gestänge (Abbildung 1).

- Aus Raminrundholz (ø 6 mm) werden benötigt: je vier Stäbe mit einer Länge von 100 cm, 43 cm und 63 cm.

- Die 100 cm langen Stäbe bilden die Längsverstrebung zwischen den beiden

Kastenzellen. Auf diesen Stäben sitzen vier Schlauchstücke (4 cm) und vier Schlauchstopper. Die Anordnung dieser Teile entnehmen Sie Abbildung 2. Beim Spinnakerdrachen werden die 100-cm-Stäbe in die Dacrontunnel geschoben. Beim Tyvekdrachen werden die Stäbe direkt auf das Tyvek geklebt. Dabei müssen alle angegebenen Schlauchteile an der richtigen Stelle liegen (Abbildung 1, 2 und 4). Die Stäbe werden an den 15-mm-Überlappungsstreifen auf dem Tyvek festgeklebt (gut abbinden lassen).

- Sichern Sie die Schlauchstopper mit Klebstoff (mittelflüssiger Sekundenkleber).

- Stecken Sie nun die 43 cm langen senkrechten Stäbe in die entsprechenden Schlauchverbinder. Das 43-cm-Gestänge verläuft senkrecht vor und hinter der einzelnen Kastenzelle (Abbildung 3 und 4).

- Die Querverstrebung der Zellen wird durch die 63 cm langen Stäbe gebildet. Auch diese Stäbe werden in die dafür vorgesehenen Schlauchverbinder gesteckt (Abbildung 3). Sollten sich die Querstreben nur sehr schwer einsetzen lassen, müssen Sie die Schlauchverbinder für diese Spreizstäbe etwas verkürzen.

- Die Drachenwaage wird an zwei Punkten am Drachen befestigt. Der obere Waagepunkt befindet sich am vorderen Schlauchverbinder der senkrechten Spreize in der vorderen Zelle. Der untere Waagepunkt befindet sich in der hinteren Zelle ebenfalls am vorderen Schlauchverbinder der senkrechten Spreize (Abbildung 4).

- Der vordere Waageschenkel hat eine Länge von 99 cm bis zum Waagering. Der hintere Schenkel hat eine Länge von 122 cm bis zum Waagering.

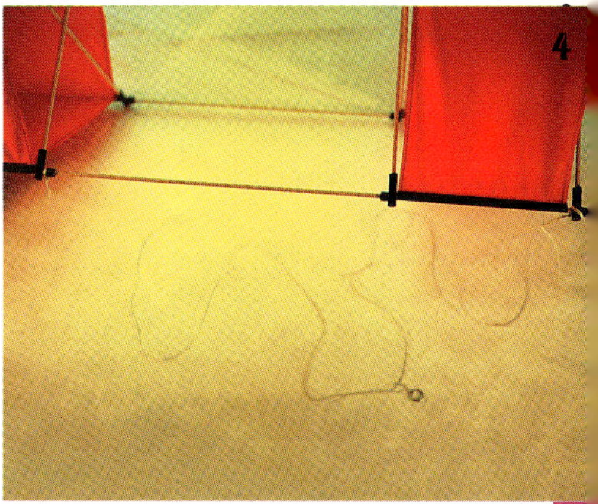

Kimonodrachen

Der Kimonoflachdrachen hat seinen Ursprung in Japan und wird dort schon seit ewigen Zeiten gebaut und geflogen. Im Gegensatz zur traditionellen Bauweise aus Papier und Bambus wird diese Anleitung den Drachen und seine Herstellung mit neuzeitlichen Werkstoffen beschreiben. Dadurch erhält der Kimonodrachen einen sehr robusten Aufbau und erbringt erstaunliche Flugleistungen. Material- und Zeitaufwand liegen hierbei schon etwas höher als bei den vorausgegangenen Arbeiten.
Als Flugschnur eignet sich eine 100 Meter lange Polyester- oder Dacronleine mit einer Bruchfestigkeit von ca. 50 daN. Der ideale Windbereich liegt bei 2 bis 4 Bft.

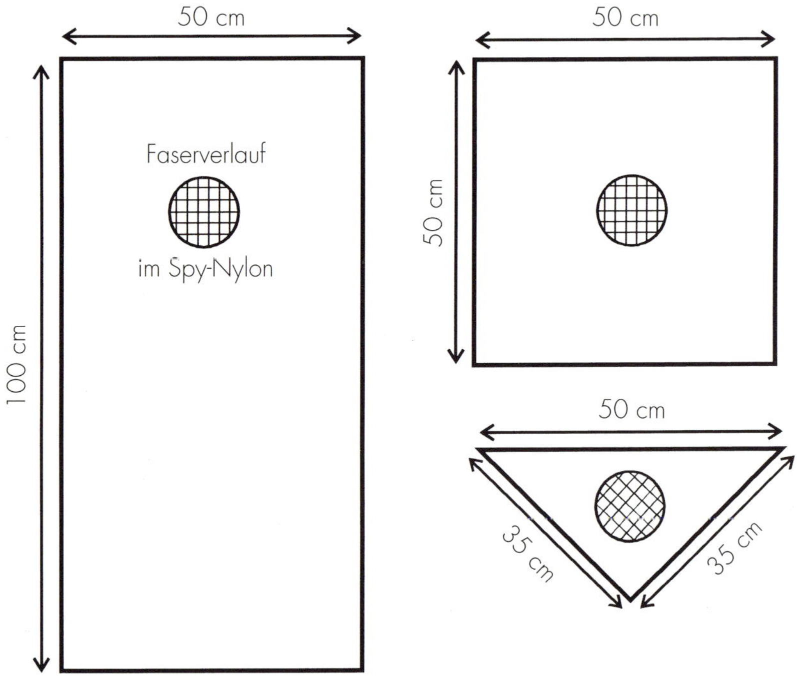

Materialliste

- ❑ 1,00 m² Spinnakernylon
- ❑ 3,00 m Dacron, 5 cm breit
- ❑ 0,20 m Dacron, 3 cm breit
- ❑ 1,00 m Gummileine, ø ca. 3 mm
- ❑ 6,00 m Waageleine, ø ca. 1 mm
- ❑ 2 Glasfaserrohre, 103 cm lang, ø 6 mm
- ❑ 1 Glasfaserrohr, 52 cm lang, ø 6 mm
- ❑ 1 Kohlefaserrohr, 132 cm lang, ø 6 mm
- ❑ 8 Splitnocken, ø 6 mm
- ❑ 1 mittlerer Aluring

● Schneiden Sie je ein Rechteck, ein Quadrat und ein Dreieck nach der Planvorgabe aus. Beachten Sie dabei den Faserverlauf der Stoffteile.

● Das Rechteck wird an den schmalen Kanten doppelt umgeschlagen und zum Hohlsaum umgenäht (Saumbreite 7 mm).

● Ebenso werden die rechte und die linke Kante des Quadrates bearbeitet.

● Das Dreieck wird an den 35-cm-Kanten abgesäumt.

1

2

● Nun werden auf die langen Kanten des Rechtecks zwei Dacrontunnel genäht. Diese Tunnel werden aus 5 cm breitem Dacron gefertigt. Das Dacron wird auf 110 cm abgelängt und mittig gefalzt. Der Segelstoff wird wieder bis an die Falzkante des Dacron eingeschoben. Die Dacron-Stabtunnel müssen an beiden Seiten offen bleiben. Das Dacron wird an diesen Enden umgeklappt, und die Naht muß hier gut verriegelt werden. Diese Tunnelenden werden noch mit einem 3 mm großen Loch versehen (Abbildung 1).

● Auch das Quadrat bekommt an der unteren Kante einen Dacron-Stabtunnel angenäht. Dieser Tunnel ist jedoch etwas kürzer. Schneiden Sie aus Dacron einen 56 cm langen Streifen zurecht, und verfahren Sie wie beim oben beschriebenen Rechteck.

● Um den senkrechten Stab am Segel befestigen zu können, werden nun zwei Zuglaschen anfertigt und vernäht. Diese Zuglaschen bestehen aus je einem doppellagigen Dacronstreifen, 5 x 3 cm groß.

● Die untere Lasche wird genau mittig auf dem Stabtunnel des Quadrates angelegt. Beim Aufnähen der Lasche dürfen Sie auf gar keinen Fall den Tunnel zunähen (Abbildung 2).

● Die obere Zuglasche wird auf das Dreieck genäht. Beide Laschen werden noch mit je zwei 3 mm großen Löchern versehen (Abbildung 3).

● Damit der Drachen später vollkommen symmetrisch aufgebaut wird, müssen Sie bei den folgenden Näharbeiten darauf achten, daß Stoffteile nicht versetzt zur Mittellinie vernäht werden. Markieren Sie

sich deshalb genau die senkrechte Mittelachse auf den Segelteilen.
Auf gar keinen Fall dürfen Sie die Stabtunnel zunähen!

● Beginnen Sie mit dem Zusammennähen von Dreieck und Rechteck. Richten Sie die Teile mittig zueinander aus. Die Naht verläuft dabei an der oberen Dacronkante des oberen Stabtunnels. Diese Naht muß an beiden Enden gut verriegelt werden (Abbildung 4).

● In der gleichen Weise wird das Quadrat an das Rechteck genäht. Die mittig zueinander ausgerichteten Teile werden an der unteren Kante des unteren Stabtunnels des Rechtecks miteinander vernäht.

● Die beiden Waagepunkte des Drachens müssen noch durch je ein 5 x 5 cm großes Dacronquadrat verstärkt werden. Diese Punkte liegen auf der senkrechten Mittelachse. Der obere Waagepunkt befindet sich ca. 5 cm oberhalb der Rechteck-Dreieck-Naht, der untere Waagepunkt ca. 5 cm unterhalb der Rechteck-Quadrat-Naht. Diese Dacronverstärkungen erhalten jeweils zwei 3 mm große Löcher zur Leinendurchführung (Abbildung 4).

● Schieben Sie nun das kurze Glasfaserrohr durch den unteren (kurzen) Stabtunnel.

● Die beiden langen Glasfaserrohre schieben Sie in die langen Stabtunnel.
Auf alle Stabenden stecken Sie eine Splitnocke und verspannen das Segel mit dem Gestänge mittels der Gummileine (acht Leinen, je 12 cm lang).

● Auch das senkrechte Kohlefaserrohr wird auf diese Weise mit dem Segel verbunden (Abbildung 3).

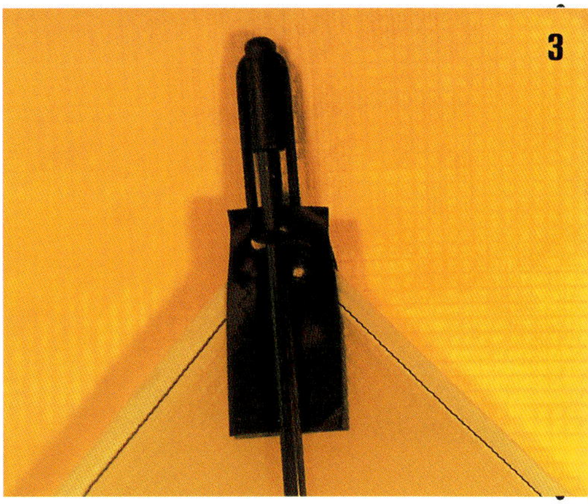
3

4

5

6

- Die Waageschnur wird durch die beiden Löcher der jeweiligen Dacronverstärkung gefädelt, um den Mittelstab herumgelegt und verknotet (Abbildung 5 und 6).
Die Waagelänge beträgt 153 cm vom oberen Waagepunkt bis zum Ring, und 160 cm vom Ring bis zum unteren Waagepunkt.

- Die beiden langen Glasfaserrohre müssen noch nach hinten gespannt werden. Fertigen Sie sich zwei Spannleinen mit einer Länge von 95 cm an. Diese Spannleinen werden dann in die Splitnocken eingehängt (Abbildung 5).

- **Gestaltung des Drachens:**
Das Motiv auf dem abgebildeten Drachen wurde frei nach einem alten japanischen Holzstich gestaltet. Schauen Sie einfach mal in Büchern über alte japanische Kultur nach. Dort finden Sie viele schöne Motive für einen Kimonodrachen.
Vergrößern Sie Ihr Motiv gegebenenfalls mit dem Fotokopierer auf das gewünschte Format. Legen Sie diese Vorlage unter das weiße Spinnakernylon, und pausen Sie die Konturen durch. Die Flächen des abgebildeten Drachens wurden mit dicken Stoffmalstiften (Tex-Pen) bemalt.

Tip Damit der Kimonodrachen nicht zu unruhig fliegt, sollten Sie ihm einen Drachenschwanz mitgeben. Dieser Schweif wird in die untere Splitnocke eingehängt.

Drachenschwänze und Windspiele

In diesem Kapitel erfahren Sie mehr über Windspiele (Abbildung Seite 41), Drachenschwänze und deren Herstellung. Eigentlich ist es mehr eine sinnvolle Resteverarbeitung. Jedes noch so kleine Teilstück kann hier seinen endgültigen Bestimmungsort finden.

Windspiele

Etwas aufwendiger sind die beschriebenen Windspiele. Sie sollten die angegebenen Maßangaben nicht so eng sehen ... Spielen Sie ein wenig mit den Proportionen: Schneiden Sie die Stoffbahnen etwas breiter, so wird das Windspiel dicker und rundlicher. Anders herum wird es rank und schlank.
Auch das Windspiel muß nicht aus Nylon gefertigt werden. Falls Sie Tyvek nehmen, dann achten Sie auf die eingeschränkte Allwettertauglichkeit dieses Materials. Als Kinderzimmerdekoration eignet sich auch ein Windspiel aus Buntpapier. Egal ob Tyvek oder Buntpapier – diese Windspiele können auch von kleinen Kindern selbst geklebt und bemalt werden.
Wenn Sie viel Lust und Zeit investieren möchten, können Sie die benötigte Materialmenge aus vielen kleinen Reststücken zusammensetzen. Schneiden Sie die beschriebenen Stoffteile aus einem solchen „Flickenteppich" heraus, dann ergeben sich interessante Farbkombinationen. Auf der Abbildung, Seite 41, sehen Sie rechts ein solches Flicken-Windspiel. Dafür wurden abwechselnd fünf 11 cm breite und 12 cm lange Spinnakernylonstreifen in Gelb und Schwarz aneinandergenäht. Die Nahtzugabe beträgt 10 mm. Sie erhalten so ein gestreiftes Stoffrechteck mit den Abmessungen 12 x 100 cm, aus dem Sie dann nach Anleitung zwei der sechs benötigten Stoffteile herausschneiden können. Viel Spaß beim Experimentieren!

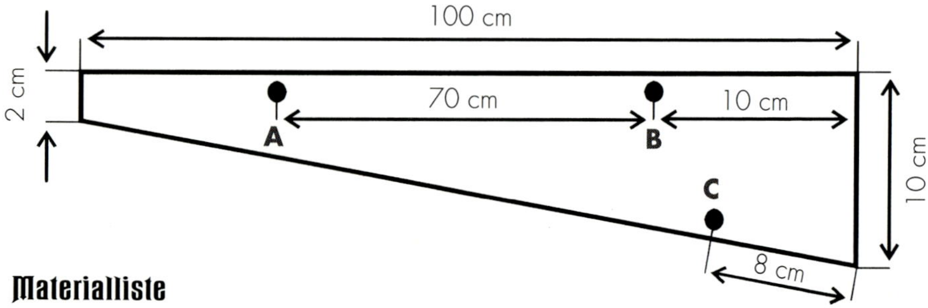

Materialliste

- ❑ 3 Streifen Spinnakernylon oder Tyvek, je 100 x 12 cm
- ❑ 0,65 m Dacron, 3 cm breit (bzw. entsprechend dem gewünschten Umfang; entfällt beim Tyvek)
- ❑ 1,00 m Waageleine, ø 1 mm
- ❑ 1 Wirbelkarabiner

(Die Angaben beziehen sich auf ein Windspiel.)

● Für ein Windspiel benötigen Sie sechs Stoffteile nach Planvorgabe. Wenn Sie das Windspiel 3farbig gestalten möchten, fertigen Sie sich die Stoffteile durch einen entsprechenden Diagonalschnitt der 12 x 100 cm großen Stoffstreifen an.

● Markieren Sie sich die Punkte A, B und C auf allen sechs Segmenten mit einem Filzstift.

● Nun werden die Teile zusammengenäht. Beim Tyvek genügt ein Verkleben oder „Zusammentackern" der Teile. Dabei wird immer die 100-cm-Kante mit der Diagonalenkante vernäht bzw. verklebt/getackert. Legen Sie zwei Teile entsprechend aufeinander, und verschieben Sie diese Teile so, daß die Punkte B und C deckungsgleich aufeinanderliegen. Die Naht (der Klebestreifen) verläuft im Abstand von ca. 5 mm zur Materialkante. Sie beginnt am Punkt B (C) und endet am Punkt A und muß an beiden Enden gut verriegelt werden (Abbildung 1).

● Wenn Sie alle sechs Teile miteinander verbunden haben, folgt die letzte Naht zwischen dem ersten und sechsten Segment. Diese Naht wird genau wie die vorangegangenen Nähte gestaltet. Abschließend wird das gesamte Gebilde umgestülpt, so daß alle Nähte innerhalb des Windspiels liegen (Abbildung 2).

● Falzen Sie den Dacronstreifen mittig. Legen Sie die 10-cm-Kante des ersten Stoffteils an die Dacronfalzkante, und vernähen Sie das Stoffteil mit dem Dacron (Abbildung 3). Direkt an das erste Stoffsegment wird das zweite Segment und dann das dritte usw. in das Dacron eingeschoben und vernäht. Beim Übergang vom sechsten Stoffteil zum ersten Stoffteil überlappt sich der Dacrontunnel. Sie werden merken, daß die zuvor überstehen-

1

2

3

4

den Versatzecken jedes Stoffteils nun eine Beule im Windspiel bilden. Diese Beule ist nötig, damit sich das Windspiel drehen kann. Beim Tyvek-Windspiel genügt ein Streifen Klebeband zum Verbinden der 10-cm-Kanten.

- Stanzen Sie jetzt im gleichen Abstand zueinander sechs kleine Löcher in den Dacrontunnel bzw. den Klebebandstreifen.

- In diese Löcher wird jeweils eine 15 cm lange Schnur geknotet. Alle sechs Leinen laufen dann auf einen Punkt zu und werden gemeinsam verknotet.
Abschließend wird der Wirbelkarabiner an dem Knoten befestigt (Abbildung 4). Ölen Sie diesen kleinen Karabiner von Zeit zu Zeit.

Verschiedene Drachenschwänze

Strippenschwänze (Abbildung 1) lassen sich ganz einfach aus Stoff- oder Tyvekresten anfertigen. Besorgen Sie sich ein 1 bis 2 cm breites Stoffnahtband (Schrägband o. ä. aus dem Bastel- oder Handarbeitsgeschäft) mit einer Länge von 8 bis 15 m. Nun schneiden Sie aus Spinnakernylon oder bunt bemalten Tyvekresten kleine Rechtecke (ca. 1 x 5 cm) aus. Sie benötigen etwa sechs Rechtecke pro Meter. Nähen oder tackern Sie die Rechtecke im Abstand von ca. 20 cm mittig auf das Stoffband (Abbildung 1). Am Ende vernähen oder knoten Sie das Stoffband zur Schlaufe.

1

Schlauchschwänze (Abbildung 2) können Sie fertig kaufen oder ebenfalls aus Resten zusammennähen. Diese Schwänze eignen sich am besten für Lenkdrachen und sollten eine Länge von ca. 12 m haben. Sie benötigen demnach einen Stoffstreifen mit einer Länge von 12 m und einer Breite von 10 cm. Entweder plündern Sie die Restekiste, oder aber Sie kaufen sich 1,20 m² Spinnakernylon. Dieses Material schneiden Sie in 12 Streifen mit einer Breite von je 10 cm. Nähen Sie nun die Streifen an der 10-cm-Kante zusammen, und Sie erhalten einen Streifen von 12 m Länge. Dieser Streifen muß nun noch zu einem Schlauch vernäht werden. Das Ende wird zugenäht. Am Schlauchanfang wird noch etwas Dacron mit aufgenäht. Hier wird dann ein Loch eingestanzt und ein Befestigungsclip eingesetzt (Abbildung 2).

2

Der **Puschelschwanz** (Abbildung 3) hat eine sehr stabilisierende Wirkung auf den Flugdrachen. Daher ist er für den Lenkdrachen weniger geeignet. Wieder bietet sich die Restekiste an. Die Länge sollte etwa 5 bis 10 m betragen. Für einen laufenden Meter Puschelschwanz benötigen Sie 3 bis 5 Streifen Spinnakernylon oder Tyvek mit einer Breite von je 10 cm. Nähen bzw. kleben Sie diese Streifen an der Meterkante miteinander zusammen. Schneiden Sie nun mit einer Schere diese Stoffbahnen in ca. 1 cm breite Streifen. Aber schneiden Sie die Naht nicht mit durch!

3

Windsäcke in Tierform

Eine entsprechende Anleitung würde den Rahmen dieses Buches sprengen. Aber lassen Sie sich doch einmal anregen durch Bücher aus dem Bereich „Stofftiere selber machen". Hier finden sich oft komplette Schnittvorlagen. Diese Vorlagen lassen sich bequem vergrößern und auf geeignetes Material übertragen. Man füllt die Tiere nicht mit Füllstoffen, sondern einfach mit Luft. Ähnlich dem Windspiel wird eine Öffnung in das Windtier geschnitten und eine entsprechende Aufhängung angebracht (Abbildung 4).

4

Bauanleitung Kleiner Spin-Dart

Dieser kleine Lenkdeltadrachen fordert seinen Erbauer und Piloten in gleicher Weise. Nicht nur das Bauen des Drachens erfordert etwas Geschick, sondern auch das Fliegen dieses kleinen Flitzers bedarf einer geübten Handhabung. Der Materialaufwand liegt etwas höher als bei den vorangegangenen Modellen.
Dieser Lenkdrachen läßt sich sehr gut zum Gespanndrachen (Drachenkette) ausbauen.
Der Windbereich des kleinen Spin-Dart liegt bei ca. 3 bis 7 Bft.
Geflogen wird dieser Drachen an zwei Dyneema/Spectra-Schnüren mit einer Bruchfestigkeit von ca. 35 daN.
Die Länge sollte dabei ca. 25 bis 30 Meter betragen.

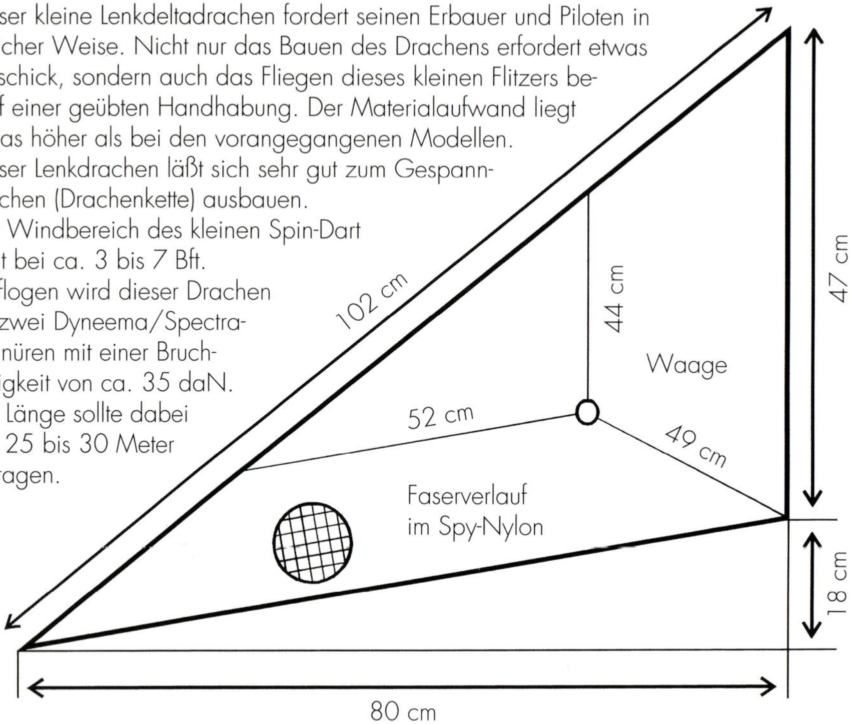

- Schneiden Sie zwei Flügeldreiecke nach Planvorgabe aus, und beachten Sie dabei den Faserverlauf.

- Nähen Sie an den Unterkanten der Dreiecke einen Hohlsaum mit einer Saumbreite von 7 mm.

- Nun werden beide Dreiecke aufeinander gelegt und an der 47-cm-Kante miteinander vernäht. Diese Naht verläuft im Abstand von 15 mm zur 47-cm-Kante.

- Wenn Sie jetzt die beiden vernähten Hälften auseinanderklappen, sollte die 15 mm breite Nahtzugabe nach oben abstehen. Dieser Nahtstreifen wird nun zur Seite umgeklappt und mit einer zweiten Naht auf dem Segel festgenäht.
Diese Naht verläuft mit einem Abstand von 10 mm zur ersten Naht. Hierbei ist es egal, ob Sie den Nahtzugabestreifen nach links oder nach rechts klappen.
Achten Sie nur darauf, daß sich beim Nähen keine Falten bilden. Diese Naht wird von uns als offene Kappnaht bezeichnet (Abbildung 1).

- Die spitz zulaufende Drachennase wird nun auf eine Breite von 9 cm –

Materialliste

- 0,60 m² Spynakernylon
- 2,60 m Dacron, 5–7 cm breit
- 5,00 m Waageschnur, ø 1 mm
- 0,30 m Gummileine, ø 3 mm
- 2 Kohlefaserrohre, 95 cm lang, ø 6 mm
- 2 Kohlefaserrohre, 53 cm lang, ø 6 mm
- 1 Kohlefaserrohr, 48 cm lang, ø 6 mm
- 1 Kohlefaserrohr, 37 cm lang, ø 6 mm
- 0,25 m Gewebeschlauch, ø 6 mm
- 5 Stopperclips, ø 6 mm, oder Gewebeschlauchringe
- 3 Splitnocken, ø 6 mm
- 3 Stabendkappen, ø 6 mm
- 2 kleine Aluringe
- 1 gesperrte Aluhülse, ø 6 mm oder 1 Messingbuchse, ø 6 mm

1

2

3

rechtwinklig zur vorangegangenen Mittelnaht – abgeschnitten (bzw. begradigt).

● Damit der Mittelstab später mit dem Segel verspannt werden kann, muß an dem unteren Ende der Mittelnaht eine doppellagige Verstärkung aus 5 x 4 cm großem Dacron aufgenäht werden (Abbildung 2).

● Auf die (nunmehr verkürzten) 102-cm-Kanten des Segels werden jetzt die Flügeltaschen aus dem 5 bis 7 cm breiten Dacron genäht. Hierfür wird das Dacron wieder mittig gefalzt und auf eine Länge von 100 cm abgeschnitten. Das Segel wird bis an die Falzkante geschoben. Der Dacrontunnel wird an der Flügelspitze wieder umgekrempelt und mit einem 3 mm großen Loch versehen (Abbildung 3). Lassen Sie das Dacron bis zur Drachennase laufen, und schneiden Sie gegebenenfalls überstehende Materialecken bündig ab.

● Den Nähabschluß bildet die Drachennase aus Dacron. Schneiden Sie sich einen 20 cm Streifen von dem 5 bis 7 cm breiten Dacron, und falzen Sie diesen Streifen mittig. Die Drachennase wird mit sechs Nähten auf dem Segel befestigt. Schauen Sie sich das Detailfoto (Abbildung 4) ganz genau an, bevor Sie diesen Arbeitsschritt beginnen. Abschließend wird das überstehende Material der Drachennase bündig zur Außenkante abgeschnitten.

● In die Flügeltaschen aus Dacron werden nun die Ausschnitte für die Querspreizen geschnitten (Abbildung 5). Die Position der oberen Querspreize liegt bei 21 cm, gemessen von der Drachennase. Die Position der unteren Querspreize liegt bei 69 cm, wieder von der Drachennase gemessen. Die Ausschnitte für die Querspreizen sind ca. 6 cm breit und ca. 1,5 cm tief in die Dacrontunnel eingeschnitten. Schneiden Sie die Ausschnitte rund aus – keine Winkel.

● Nun benötigen Sie vier Schlauchteile als Spreizverbinder mit einer Länge von je 6 cm. Diese Schlauchteile werden mit einer 6-mm-Bohrung versehen. Dieses Loch befindet sich ca. 1 cm vom Schlauchende entfernt. Das fünfte Schlauchteil ist 4 cm lang und wird zweimal durchbohrt (Abbildung 6).

● Schieben Sie nun die gesperrte Aluhülse durch die Querbohrung des 4 cm langen Schlauchteils. Sie können statt der Aluhülse auch eine Messingbuchse verwenden. Diese Buchse muß jedoch mittig gestaucht werden, damit die unteren Querspreizen einen Anschlag in der Buchse haben und nicht hindurchrutschen können (Abbildung 7, Seite 50).

● Der 48 cm lange Mittelstab aus Kohlefaser wird nun durch die senkrechte Bohrung des 4 cm langen Schlauchteils geschoben. Auf das obere Ende des Stabes wird eine 6-mm-Stabendkappe gesteckt und auf das untere Ende eine 6-mm-Splitnocke.

● Das obere Mittelstabende wird in die Drachennase gesteckt und liegt dabei auf der Segelrückseite. Das untere Ende wird mittels einer 12 cm langen Gummileine mit dem Segel verspannt. Damit das 4 cm lange Schlauchteil (Mittelkreuz) nicht nach oben verrutschen kann, wird noch ein Stopper auf den Mittelstab geklebt (Abbildung 8, Seite 50).

● Die beiden 95-cm-Kohlefaserrohre werden in die Dacronflügeltaschen geschoben. Beim Einschieben dieser Stäbe werden die Querspreizverbinder aus Ge-

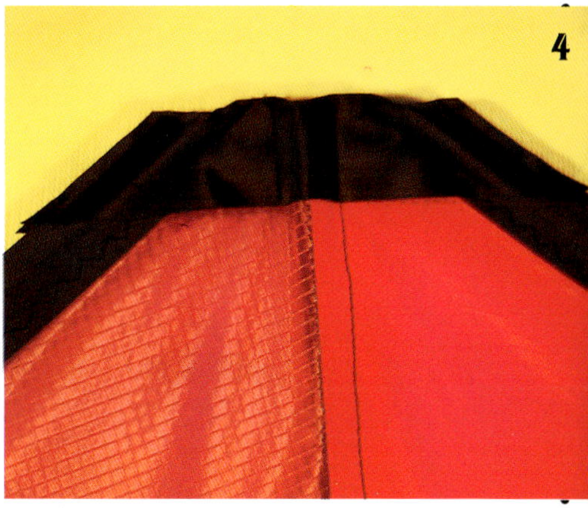

4

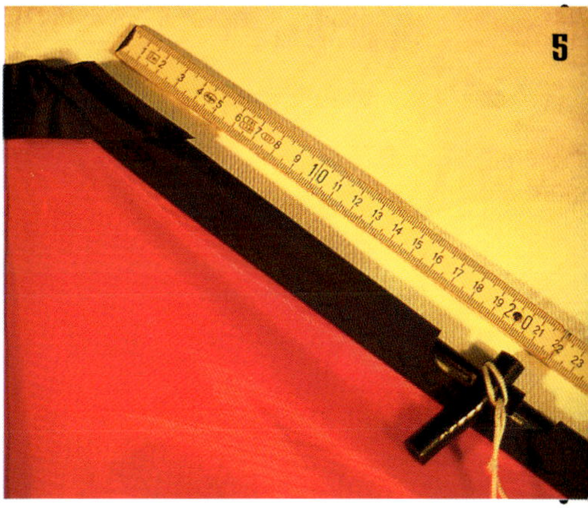

5

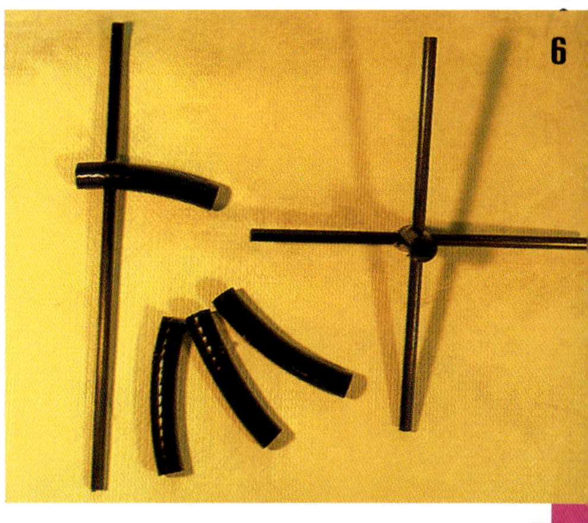

6

7

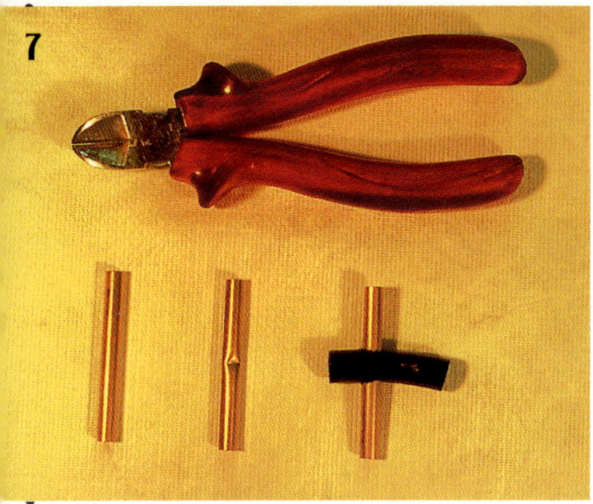

8

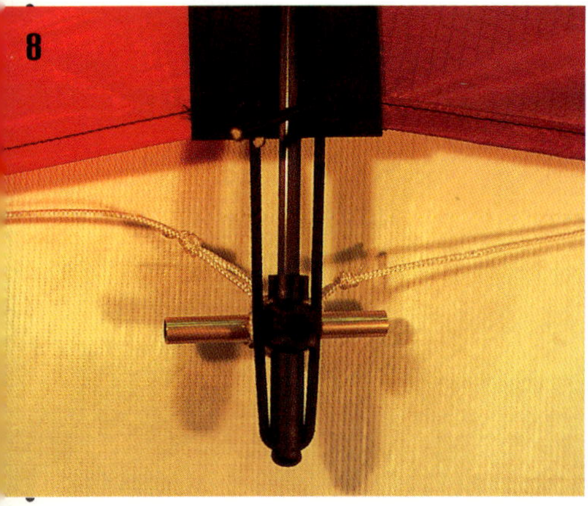

9

webeschlauch mit aufgeschoben. Vergessen Sie nicht die 6-mm-Stabendkappen. Diese Kappen werden als letztes auf die Stabspitzen gesteckt und sollen die Drachennase gegen ein Durchstoßen der Stäbe schützen. Auf die unteren Enden der 95 cm langen Stäbe werden die Splitnocken gesteckt.

● Mittels der Gummileine (ca. 10 bis 12 cm lang) wird nun das Segel mit den Splitnocken der Flügelstäbe verspannt.
Die Querspreizverbinder müssen noch mit Stoppern gegen ein unbeabsichtigtes Verrutschen gesichert werden (Abbildung 5).

● Die Drachenwaage wird an den Querspreizverbindern und am Mittelkreuz festgebunden. Die entsprechenden Maße entnehmen Sie der Planvorgabe. Um die Waage jedoch flexibel zu gestalten, müssen die 44 cm und die 49 cm lange Strecke aus einer durchlaufenden Schnur gebildet werden (Abbildung 9). Der Waagering wird dann an der entsprechenden Position eingeschlauft („Buchtknoten" siehe Seite 17).

● Die unteren Querspreizen aus 53 cm langen Kohlefaserrohren werden in das Mittelkreuz und in die entsprechenden Querspreizverbinder eingesteckt.

● Die obere Querspreize (37 cm langes Kohlefaserrohr) sollte nun stramm eingepaßt werden. An dieser Stelle kann eine eventuelle Korrektur dieser Stablänge möglich sein.

● Auf keinen Fall darf das Segel durch überlange Querspreizstäbe durchgestreckt werden. Die Segelhälften müssen leicht durchhängen, damit der Wind in diese Flügelkanäle einfließen kann.

Bauanleitung Kid-Dart

Dieser Lenkdelta (Abbildung Seite 51) ist ein kleiner „Alles-Könner". Durch das vorprofilierte Segel und die flexible Leichtbauweise deckt dieser Lenkdrachen ein weites Windfeld ab. Von 2 bis 5 Bft. wird dieser Stunter seinem Piloten viel Freude bringen. Der Materialaufwand liegt schon relativ hoch, und die handwerklichen Kenntnisse müssen schon etwas fundierter sein als bei den vorausgegangenen Drachenmodellen.
Geflogen wird der Kid an zwei Dyneema/Spectra-Leinen mit einer Bruchfestigkeit von ca. 35 bis 60 daN bei einer Schnurlänge von 25 bis 35 Metern.

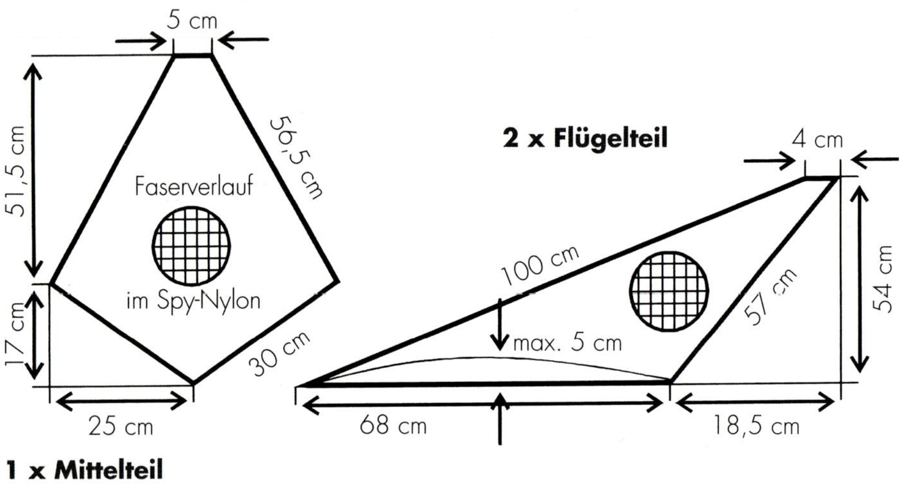

Materialliste

- ❑ 0,60 m² Spinnakernylon für das Mittelteil
- ❑ 0,80 m² Spinnakernylon für die Flügel
- ❑ 2,50 m Dacron, 5 cm breit
- ❑ 1,00 m Dacron, 3 cm breit
- ❑ 0,20 m Gurtband, 5 cm breit
- ❑ 0,30 m Gummileine, ø 3 mm
- ❑ 5,00 m Waageleine, ø 1 mm
- ❑ 2 Kohlefaserrohre, 100 cm lang, ø 6 mm
- ❑ 2 Kohlefaserrohre, 56 cm lang, ø 6 mm
- ❑ 1 Kohlefaserrohr, 70 cm lang, ø 6 mm
- ❑ 2 Glasfaserstäbe, 22 cm lang, ø 2 mm
- ❑ 0,20 m Gewebeschlauch, ø 6 mm
- ❑ 1 Messingbuchse, ø 6 mm
- ❑ 4 Stabendkappen, ø 6 mm
- ❑ 4 Stabendkappen, ø 2 mm
- ❑ 2 Splitnocken, ø 6 mm
- ❑ 2 Standoffhalter (Plattkappen o. ä.)
- ❑ 7 Stopper, ø 6 mm
- ❑ 2 kleine Aluringe

● Schneiden Sie einmal das Mittelteil und zweimal das Flügelteil aus. Achten Sie wie immer auf den Faserverlauf.
Um dem Drachen ein etwas dynamischeres Aussehen zu geben, können Sie die Flügelteile an der 68-cm-Kante etwas rundlich schneiden. Legen Sie hierfür einen flexiblen Stab an diese Kante. Biegen Sie den Stab ein wenig in das Segelteil hinein, und zeichnen Sie diesen Bogenverlauf auf das Segel. Lassen Sie aber den Bogen nicht weiter als 5 cm in das Segelteil hineinreichen.

● Die beiden Flügelteile werden mit je einer halben Kappnaht (im folgenden beschrieben) links und rechts an das Mittelteil genäht. Die Naht beginnt an der späteren Schleppkante des Segels und endet an der oberen Drachennasenspitze. Damit es bei dieser Naht nicht zum Versatz kommt und das Segel an dieser Stelle keine Stufen bildet, müssen Sie sich die ersten 10 cm der Naht auf beiden Stoffteilen anzeichnen. Die Naht verläuft wieder im Abstand von 15 mm entlang der Stoffkante. Legen Sie nun das Mittelteil auf eines der beiden Flügelteile. Achten Sie darauf, daß die beiden Nahtzeichnungen exakt aufeinanderliegen (Nahtbeginn auf Nahtbeginn!). Nähen Sie die Teile zusammen. Der nun überstehende Nahtzugabestreifen wird auf das Mittelteil geklappt und mit einer zweiten Naht darauf festgenäht. Der Nahtabstand zwischen der ersten und der zweiten Naht beträgt 10 mm. Vernähen Sie nun die gesamte Schleppkante des Segels zu einem Hohlsaum mit einer Nahtbreite von 7 mm.

● Zur Aufnahme der Standoffstäbchen werden zwei kleine Dacrontäschchen auf das Segel genäht. Das Dacron, in der Abmessung 2 x 2 cm, wird dabei doppellagig um die Segelsaumkante herumgelegt (Abbildung 1).

● Auf die Rückseite des Segels wird nun ein 3 cm breiter Dacronstreifen mittig auf die senkrechte Achse genäht. Zeichnen Sie sich dazu zwei entsprechende Hilfslinien auf das Mittelteil. Der Dacronstreifen wird entlang der Materialkante mit zwei parallelen Nähten aufgenäht. An der unteren Spitze des Segels wird ein Dacronstreifen doppellagig zur Lasche gefalzt und ebenfalls aufgenäht (Abbildung 2). In diese 3 x 4 cm große Dacronlasche wird später der Mittelstab hineingesteckt.

1

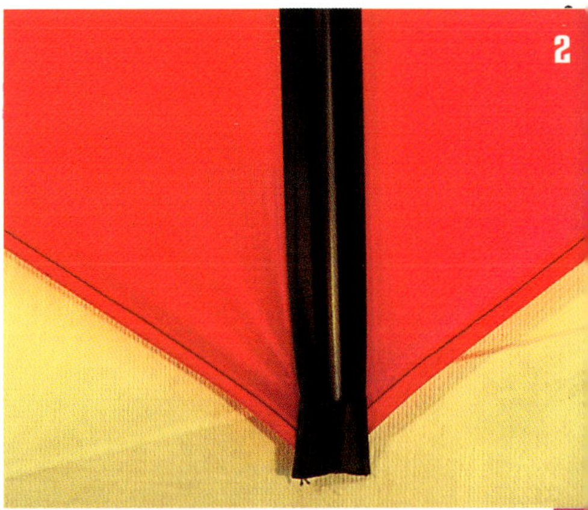

2

3

4

5a

5b

● In altbekannter Weise folgt nun das Aufnähen der beiden Dacrontunnel für die Flügelstäbe aus mittig gefalztem 5er Dacron. Das Material wird an den Flügelspitzen wieder umgekrempelt und mit einem 3 mm großen Loch versehen (siehe Bauanleitung „Kleiner Spin-Dart", Seite 48).

● Die Drachennase vom Kid-Delta wird nicht aus Dacron, sondern aus dem 5-cm-Gurtband genäht. Dieses Gurtband wird mittig gefaltet und über die Drachennase gelegt. Schneiden Sie vorher überstehende Materialreste bündig zur Nasenkante ab. Die Anordnung der Nähte erfolgt genau wie beim Spin-Dart (Seite 49, Abbildung 4). Das überstehende Gurtband wird abgeschnitten und die Schnittkante vorsichtig mit einem Lötkolben o. ä. verschmolzen.

● Zeichnen Sie sich die Positionen für die Waagelöcher auf dem 3 cm langen Mitteldacronstreifen an. Das obere Loch befindet sich 4 cm entfernt von der Nasenkante. Das untere Loch liegt 45 cm unterhalb dieser Nasenkante (Abbildung 3 und 4). Verstärken Sie die Position des unteren Lochs, indem Sie einen 3 x 5 cm Dacronstreifen an dieser Stelle über das Mitteldacron nähen (Abbildung 4). Die Löcher haben einen Durchmesser von 12 mm.

● Schneiden Sie nun die Ausschnitte für die Querspreizen in das Flügeldacron. Die Position der Querspreize befindet sich 70 cm unterhalb der Nasenkante. Der Ausschnitt ist 8 cm breit und 1,5 cm tief (Abbildung 5a/b).

● Fertigen Sie sich danach zwei Querspreizverbinder mit einer Länge von je 7 cm aus dem 6er Gewebeschlauch an. Außerdem wird ein 4 cm großes

Schlauchteil als Mittelkreuz benötigt. Die Querspreizverbinder werden mit einem 6-mm-Bohrer durchbohrt. Das 4 cm große Schlauchteil wird zweifach durchbohrt: einmal senkrecht und einmal waagrecht (Abbildung 6).

● Passen Sie das 70 cm langen Kohlefaserrohr exakt der Länge der Mittelachse an. Auf diesen Mittelstab wird das 4 cm große Schlauchstück geschoben. Auf den Rohrenden wird je eine 6-mm-Endkappe befestigt. Stecken Sie nun das Rohr in die Dacronlasche an der unteren Segelspitze. Biegen Sie das Rohr ein wenig, und stecken Sie es in die Drachennase. Schieben Sie das Schlauchstück auf die Position des unteren Waagelochs im Mitteldacron. Das Schlauchstück wird durch zwei aufgeklebte Stopper gesichert. Auch in Höhe des oberen Waagelochs wird ein Stopper auf den Mittelstab geklebt (Abbildung 3).

● Der Drachen wird jetzt umgedreht, und die mittig gestauchte Messingbuchse wird durch die Querbohrung des 4 cm großen Schlauchteils geschoben (Abbildung 6).

● Nun schieben Sie die beiden 1 m langen Rohre in die Flügeltunnel. Querspreizverbinder und 6-mm-Endkappe werden mit aufgeschoben bzw. aufgesteckt. Auf diese herausschauende Flügelstabspitze wird eine 6-mm-Splitnocke gesetzt und mittels Gummileine mit dem Segel verspannt. Sichern Sie die Schlauchteile mit je zwei aufgeklebten Stoppern (Abbildung 5a).

● Die Standoffhalter werden auf die 56 cm langen Querspreizen geschoben.

● Setzen Sie die Querspreizen in den Drachen ein. Kleben Sie die 2-mm-Stabkappen auf die Glasfaserstäbchen, und positionieren Sie diese Standoffstäbchen wie auf dem großen Foto (Seite 51).

6

7

● Die Drachenwaage verläuft von der Drachennase zum Mittelkreuz in zwei Teilstrecken: Von der Drachennase bis zum Waagering sind es 67 cm, vom Waagering bis zum Mittelkreuz 54 cm. Dieser Waageteil bleibt verstellbar, d. h., der Waagering wird in die durchlaufende Drachenwaageschnur eingeschlauft. Der dritte Waageschenkel vom Querspreizverbinder zum Waagering hat eine Länge von 56 cm.

Sport-Dart

Dieser Sportlenkdrachen stellt den derzeitigen Entwicklungsstandard im Drachengewerbe dar. Seine Flugleistungen sind einfach super: superschnell, superwendig, superleicht und superrobust. Leider ist der Materialaufwand nicht gerade supergünstig ...
Lassen Sie sich in jedem Fall die entsprechenden Baukosten genau ausrechnen. Um diesen Drachen auch im Extrembereich fliegen zu können, sollten Sie möglichst keine Abstriche beim angegebenen Material machen.
Beim Erstellen dieser kleinen Flugmaschine werden einige Grundkenntnisse gefordert. Bauen und fliegen Sie diesen Drachen nur, wenn Sie oder ein Bekannter entsprechende Erfahrungen gesammelt haben. Keine Frage – dieses Buch hilft Ihnen beim Erwerb der erforderlichen Grundkenntnisse.
Fliegen Sie den Sport-Dart mit einer 70 daN Dyneema/Spectra-Leine. Die Schnurlänge sollte im Bereich von 30 bis 35 Metern liegen. Bei hohen Windgeschwindigkeiten wird der Einsatz von Lenkschlaufen oder Lenkgriffen unumgänglich sein.

Materialliste

- ❑ 0,80 m² Spinnakernylon für die Teile A, B und C
- ❑ 0,30 m² Spinnakernylon für Teil D
- ❑ 0,40 m² Spinnakernylon für Teil E
- ❑ 3,50 m Dacron, 7 cm breit
- ❑ 0,30 m Dacron, 3 cm breit
- ❑ 0,20 m Dacron, 5 cm breit
- ❑ 0,30 m Gurtband, 5 cm breit
- ❑ 0,40 m Gummileine, ø 3 mm
- ❑ 5,00 m Waageleine, ø 1 mm
- ❑ 2 Kohlefaserrohre, 133 cm lang, ø 6 mm
- ❑ 2 Kohlefaserrohre, 63 cm lang, ø 6 mm
- ❑ 1 Kohlefaserrohr, 89 cm lang, ø 6 mm
- ❑ 1 Kohlefaserrohr, 41 cm lang, ø 6 mm
- ❑ 2 Kohlefaserstäbe (massiv), mindestens 20 cm lang, ø 3 mm
- ❑ 2 Glasfaserstäbe (massiv), mindestens 16 cm lang, ø 2 mm
- ❑ 5 Stabendkappen, ø 6 mm
- ❑ 4 Stabendkappen, ø 3 mm
- ❑ 4 Stabendkappen, ø 2 mm
- ❑ 3 Splitnocken, ø 6 mm
- ❑ 2 Standoffhalter
- ❑ 4 Querspreizverbinder, ø 6 mm
- ❑ 6 Stopperclips, ø 6 mm
- ❑ 2 kleine Aluringe
- ❑ 1 Mittelkreuz, 6 mm

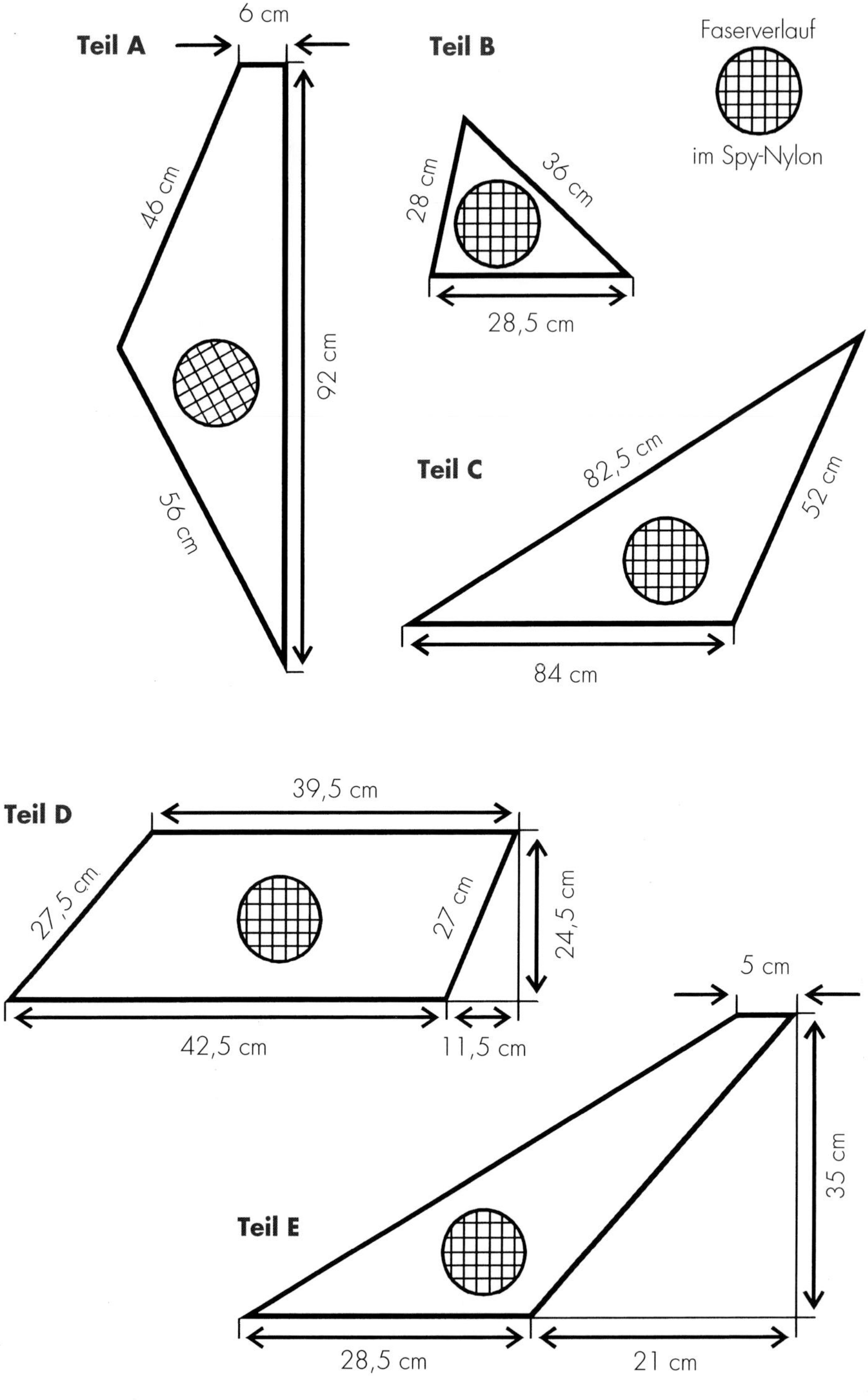
Teil A
6 cm
46 cm
56 cm
92 cm
Teil B
28 cm
36 cm
28,5 cm
Faserverlauf
im Spy-Nylon
Teil C
82,5 cm
52 cm
84 cm
Teil D
39,5 cm
27,5 cm
27 cm
24,5 cm
42,5 cm
11,5 cm
Teil E
5 cm
35 cm
28,5 cm
21 cm

● Schneiden Sie alle Teile (A–E) je zweimal aus, achten Sie dabei genau auf den Faserverlauf im Spinnakernylon.

● Die Maßangaben beinhalten die Saumzugabe für die Hohlsäume an der Schleppkante und die Kappnähte zwischen den Segmenten. Die Saumzugabe beträgt 15 mm.

● Folgende Teile werden an der genannten Segmentkante doppelt umgelegt und zum Hohlsaum vernäht (Saumbreite ca. 7 mm): Teil B an der 28,5-cm-Kante, Teil D an der 42,5-cm-Kante und Teil E an der 28,5-cm-Kante.

● Um einen Nahtversatz beim Vernähen der Teile zu vermeiden, sollten Sie die Naht auf den Stoffteilen vorher anzeichnen (15 mm Abstand zur Materialkante).

● Beginnen Sie mit der Kappnaht zwischen Teil D und Teil E. Diese Naht beginnt oben, d. h., Sie müssen darauf achten, daß die 39,5-cm-Kante von Teil D bündig mit der 5-cm-Kante von Teil E verläuft. Legen Sie beide Stoffteile aufeinander, und richten Sie die aufgezeichneten Nahtverläufe so aus, daß der Nahtbeginn von Teil D auf dem Nahtbeginn von Teil E liegt. Teil E wird nun über die 27,5-cm-Kante von Teil D hinausschauen. Sie nähen auch nur diese 27,5 cm zusammen. Ziehen Sie nun die Stoffteile auseinander, und legen Sie die 15 mm breite Nahtzugabe auf Teil E. Dieser Nahtzugabestreifen wird nach innen eingelegt. Die offene Materialschnittkante ist somit nicht mehr zu sehen. Nähen Sie eine zweite Naht parallel zur ersten Naht. Diese Kappnaht geht nach der 27,5-cm-Kante von Teil D in einen Hohlsaum über (Abbildung 4). Überstehende Materialzipfel werden bündig abgeschnitten.

● In der gleichen Weise verfahren Sie beim Vernähen der Teile A und B. Achten Sie hierbei auf einen gleichmäßigen Abschluß der 46-cm-Kante von Teil A mit der 28-cm-Kante von Teil B. Legen Sie den Nahtzugabestreifen (15 mm) auf Teil A. Auch hier geht die Kappnaht nach 36 cm wieder in einen Hohlsaum (Abbildung 2) über.

● Die Segmentgruppe DE (Teil D und Teil E) wird nun mit einer Kappnaht mit der 84-cm-Kante von Teil C vernäht. Dabei müssen Sie auf einen bündigen Abschluß der 52-cm-Kante von Teil C mit der 27-cm-Kante von Teil D achten. Legen Sie die 15 mm breite Saumzugabe auf Teil D.

● Die Segmentgruppe CDE wird als letztes an die Segmentgruppe AB genäht. Richten Sie hierzu den Nahtbeginn von Teil B (an der 28-cm-Kante) mit dem Nahtbeginn von Teil D (an der 27-cm-Kante) so aus, daß beide Nahtlinien aufeinanderliegen. Die überstehende Materialspitze von Teil C wird später bündig mit der 6-cm-Kante von Teil A abgeschnitten. Legen Sie den 15 mm breiten Nahtzugabestreifen auf die Segmentgruppe AB.

● Schneiden Sie nun eventuell überstehende Materialecken bündig ab. Achten Sie auf einen symmetrischen Segelverlauf. Kontrollieren Sie Ihre Arbeit durch ein entsprechendes Aufeinanderlegen der beiden Segelhälften.

● Beide Segelhälften werden an der 92-cm-Kante von Teil A mittels einer Kappnaht miteinander vernäht. Hierbei spielt es keine Rolle, wohin Sie die 15 mm breite Saumzugabe umlegen. Schneiden Sie die untere Segelspitze an Teil A auf eine Breite von ca. 1,5 cm ab.

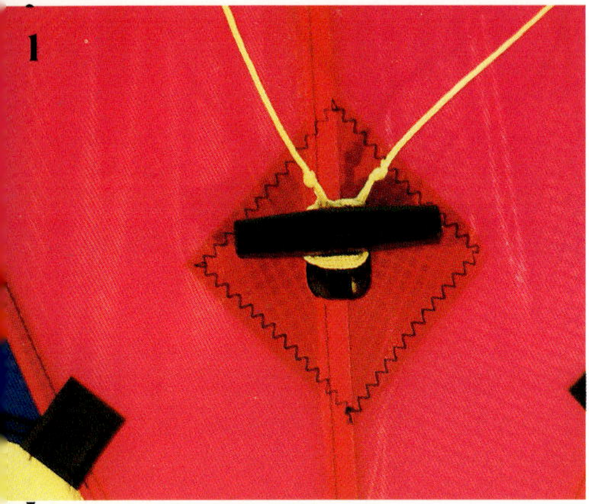

1

2

3

● Um der Schleppkante eine bessere Stabilität zu geben, wird nun eine durchlaufende Naht entlang der Schleppkante genäht. Diese Naht beginnt an der linken Segelspitze (Teil E, links) und endet an der rechten Segelspitze (Teil E, rechts). Die Naht verläuft im Abstand von ca. 2 mm zur Hohlsaumnaht des Segels (Abbildung 3 und 4).

● Die Schleppkante des Segels wird nun an den Streßpunkten mit einem doppellagigen Stück Dacron (2,5 x 2,5 cm) verstärkt. Diese Streßpunkte befinden sich zwischen Teil A und B, zwischen Teil B und D sowie zwischen Teil D und E (Abbildung 1, 4 und 7). Eine vierte Dacronverstärkung wird auf die herausschauende Ecke von Teil E genäht. Dieses Dacronteil dient später als Stabaufnahme (Abbildung 4).

● An die untere (abgeschnittene) Segelspitze wird eine Dacronlasche zur späteren Mittelstabbefestigung angenäht. Diese Lasche besteht aus zwei Streifen Dacron, 3 x 15 cm groß. Die Streifenenden werden ca. 5 cm nach innen umgefalzt, damit das Material hier doppelt liegt. Je ein Streifen wird auf die Segelvorder- bzw. Segelrückseite aufgenäht. Abschließend werden noch zwei 3 mm große Löcher in die Lasche gestanzt (Abbildung 3).

● Markieren Sie sich die Position des Mittelkreuzes auf der Mittelnaht der beiden Segelhälften. Der Abstand dieser Position zur Drachennase beträgt 65 cm. Verstärken Sie diese Segelstelle mit einem doppellagigen Stück Dacron, 7 x 7 cm (Abbildung 2).

● Nun wird der mittig gefalzte 7er Dacrontunnel auf die äußeren Flügelkanten genäht. Schneiden Sie das Dacron etwas länger zu (ca. 5 cm), damit Sie das Material an der unteren Flügelspitze umkrempeln können. Auch hier wird wieder ein 3 mm großes Loch durch die vier Dacronlagen gestanzt (Abbildung 4).

- Die Drachennase wird aus je einer Lage 7er Dacron und einer Lage 5er Gurtband gebildet. Das mittig gefalzte Dacron wird zuerst aufgenäht. Beachten Sie den exakten Verlauf der sechs Führungsnähte.
Auf diese Dacronnase wird nun noch der mittig umgelegte Gurtbandstreifen gelegt und in der gleichen Weise festgenäht. Schneiden Sie das überstehende Material bündig zur Flügelkante weg, und verschmelzen Sie das Gurtband mit einem Lötkolben o. ä. (Abbildung 5).

- Markieren Sie sich die Positionen für die Querspreizen und den Segelspreizstab auf dem Flügeldacron.
Der Abstand zur Drachennase beträgt:
Nase – obere Querspreize: 26 cm,
Nase – untere Querspreize: 88 cm,
Nase – Segelspreizstab: 104 cm.
Schneiden Sie um diese Positionen herum nun die entsprechenden Ausschnitte in das Dacron. Die Auschnitte sind ca. 6 cm breit und 1,5 cm tief (Abbildung 6).

- In die Streßpunktverstärkung zwischen Teil B und Teil D wird ein 2 mm großes Loch gestanzt (Abbildung 7, Seite 63).

- In die Mittellochverstärkung wird ein ca. 2 x 3 cm großes Loch eingeschnitten (Abbildung 1).

- Das Zusammenbauen des Drachens beginnt mit dem Einsetzen des 89 cm langen Mittelstabes. Schieben Sie den Stab durch die Dacronlasche an der unteren Segelspitze. Dieser Stab verläuft hinter dem Segel. Das Mittelkreuz liegt

4

5

6

auf der Segelvorderseite. Stecken Sie die senkrechte Führung des Mittelkreuzes durch das Segelmittelloch, und schieben Sie den Mittelstab durch die senkrechte Mittelkreuzbohrung. Bevor Sie den Mittelstab in die Drachennase schieben, müssen Sie noch eine 6-mm-Stabendkappe auf das Stabende stecken. Auf das untere Stabende wird eine Splitnocke gesteckt und das Segel mit dem Stab mittels einer Gummileine befestigt. Sichern Sie das Mittelkreuz durch zwei aufgeklebte Stopperclips auf dem Mittelstab (Abbildung 2, Seite 60).

- In zwei 6-mm-Stabendkappen werden nun 6 mm große Löcher im oberen Bereich gebohrt. Diese Teile dienen zur Aufnahme der Segelspreizstäbe hinter dem Segelteil E (Abbildung 4, Seite 61).

- Schieben Sie die 133 cm langen Flügelstäbe in den Dacrontunnel an der Flügelleitkante. Fädeln Sie dabei die entsprechenden Querspreizverbinder und die aufgebohrte 6er Stabendkappe mit auf die Stäbe. Vergessen Sie nicht, eine 6-mm-Stabendkappe auf die oberen Stabenden zu stecken und mit in die Nase zu schieben. Auf das untere Stabende wird wieder eine Splitnocke gesteckt und das Segel mittels einer Gummileine mit dem Gestänge verspannt.
Die vier Querspreizverbinder werden noch mit Stopperclips gegen ein unbeabsichtigtes Verrutschen nach unten gesichert (Abbildung 6, Seite 61).

- Schieben Sie die Standoffhalter auf die unteren Querspreizen. Setzen Sie die unteren Querspreizen in den Drachen ein, und schieben Sie die Standoffhalter auf die Position der aufgestanzten Streßpunktverstärkung zwischen Teil B und Teil D.

- Die obere Querspreize sollte nun mit einer Länge von 41 cm problemlos eingesetzt werden können. Passen Sie diese Spreize gegebenenfalls dem Drachen an. Auf keinen Fall darf der Drachen durch ein zu langes Maß verbogen werden oder die Spreize bei zu kurzer Ablängung wieder herausfallen.

- Die Standoffstäbe aus 3-mm-Kohlefaser sollten eine Länge von ca. 20 cm haben. Da es beim Erstellen des Drachens aber zu kleineren Abweichungen kommen kann, müssen Sie diese Stäbe gegebenenfalls anpassen.
Die Querspreizen dürfen beim Einsetzen nicht deformiert werden. Das Segel muß jedoch gut gespannt sein. Ein Herausfallen der Standoffstäbe muß ebenfalls verhindert werden. Die Länge der Standoffstäbe ist entscheidend für das Flugverhalten. Längere Standoffstäbe als angegeben haben ein sehr langsames und träges Flugbild zur Folge. Hingegen wird der Drachen agressiver und neigt zum Überdrehen, wenn die Länge der Standoffstäbe verkürzt wird. Die Länge der Standoffstäbe wird durch die Länge der Querspreizen beeinflußt. Längere Querspreizen verkürzen die Länge der Standoffstäbe; kurze Querspreizen vergrößern die Länge der Standoffstäbe. Abweichungen zur Angabe der Stäbe können im Bereich von +/– 3 cm liegen.

- Die Standoffstäbe werden in das Segel eingeklebt. Schneiden Sie eine der 3-mm-Stabendkappen etwa in der Mitte durch. Schieben Sie den offenen Teil der Kappe auf den Standoffstab. Dieser wird dann von vorne, durch das 2 mm große Loch in der Streßpunktverstärkung zwischen Teil B und Teil D durchgeschoben. Kleben Sie nun den geschlossenen Teil der Endkappe auf die nach hinten herausragende Stabspitze (Sekundenkleber).

Schieben Sie das Segel gegen diese Endkappenhälfte. Die zweite Hälfte der Endkappe wird nun von vorne gegen das Segel geschoben und ebenfalls verklebt (Abbildung 7). Auf das Stabende des Standoffstabes wird eine 3-mm-Stabendkappe aufgeklebt.

● Die 2 mm starken Glasfasersegelspreizen werden ebenfalls dem Segel angepaßt. Teil E sollte durch diesen Stab stramm gespannt werden. Da die Glasfaserstäbchen flexibel sind, können sie auch etwas durchgebogen werden. Auf jeden Fall müssen die 2-mm-Stabendkappen auf die entsprechenden Stabenden aufgeklebt werden (Abbildung 4, Seite 61).

● Die Drachenwaage verläuft vom oberen Querspreizverbinder zum Mittelkreuz. In dieser durchlaufenden Schnur befindet sich der eingeschlaufte Waagering. Somit wird der Drachen durch ein entsprechendes Verschieben des Waagerings dem Wind angepaßt. Vom unteren Querspreizverbinder zum Waagering läuft der dritte Waageschenkel.

Die Maßvorgaben lauten:
Mittelkreuz – Waagering: 38 cm,
Waagering – obere Spreizverbinder: 41 cm,
untere Spreizverbinder – Waagering: 51 cm (Abbildung 8).

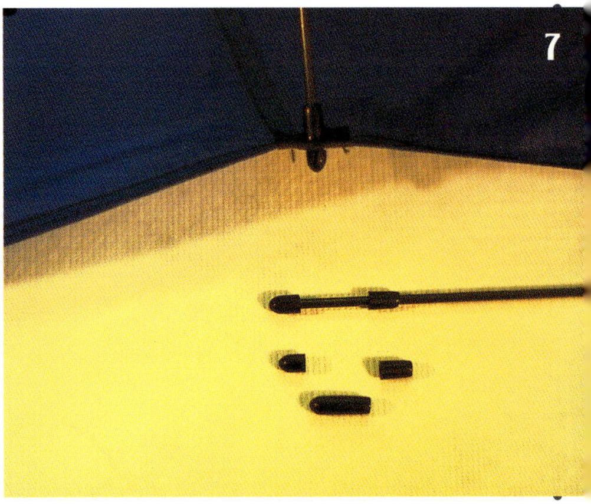
7

8

Flugtips

● Das Einfliegen des gebauten Drachens erfordert einige Grundvoraussetzungen. Auf keinen Fall sollten Sie bei einem schweren Herbststurm Ihre ersten Flugversuche machen. Auch ein nahezu windstiller Tag wird zu keinem Erfolgserlebnis führen. Das bekannte „Rennen-in-den-Wind" sollten Sie gleich vergessen, da Sie beim Laufen keinen direkten Sichtkontakt zum Drachen halten können. Dieser Sichtkontakt ist aber die wichtigste Voraussetzung, um den Drachen und sein Steigverhalten richtig beurteilen zu können.

● Das Flugfeld sollte frei von Bäumen, Hügeln oder Häusern sein. Diese Erhebungen beeinflussen die bodennahen Windverhältnisse und erschweren den Drachenstart. Auf gar keinen Fall dürfen Sie den Drachen in der Nähe von Hochspannungsleitungen, Antennen, Flughäfen oder Straßen steigen lassen!

Nun lassen Sie uns einmal den ersten Startversuch theoretisch durchspielen:

● Prüfen Sie die Windrichtung durch Hochwerfen von Grashalmen o. ä.

● Wickeln Sie Ihre Leinen in Windrichtung ca. 30 bis 35 Meter ab.

● Bauen Sie den Drachen an der Stelle auf, wo das Leinenende liegt, und befestigen Sie die Drachenschnur an dem Waagering.

● Denken Sie daran, daß beim Lenkdrachen zwei Schnüre benötigt werden. Diese Leinen müssen gleich lang und parallel ausgelegt werden.

● Nun sollte ein Starthelfer den Drachen hochhalten, während Sie sich zum Schnurgriff bewegen und noch einmal kontrollieren, ob die Schnüre sich nicht um Teile des Drachens oder Bodenunebenheiten gewickelt haben.

● Auf ein vereinbartes Zeichen hin sollte der Starthelfer den Drachen loslassen – nicht loswerfen. Im gleichen Moment müssen Sie den Drachen in den Wind ziehen. Das geschieht, indem Sie die Arme kräftig nach hinten werfen und ein paar Schritte zügig rückwärts gehen. Sollte der Drachen nur schwerfällig seinen Weg nach oben finden, müssen Sie ihn durch ruckartige Armbewegungen nach oben pumpen.

● In diesem Moment ist es wichtig, den Drachen genau zu beobachten. Steigt er senkrecht nach oben und hält seine Position am Himmel, haben Sie es geschafft ... Wenn nicht, dann gibt es im Regelfall nur zwei Gründe: der Wind ist zu schwach, oder die Drachenwaage ist nicht richtig eingestellt. Betrachten Sie deshalb die Möglichkeiten der Waageeinstellung Ihres Drachens etwas genauer anhand der folgenden Erklärungen.

1

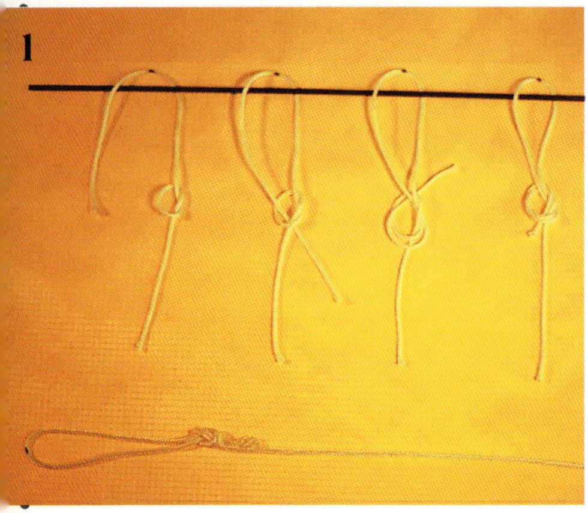

2

Waageeinstellung

Die Waageeinstellung beim Fesseldrachen entspricht einer Anpassung des Flugobjektes an die vorherrschenden Windverhältnisse. Eine optimale „All-Wetter-Einstellung" gibt es nicht. Sie müssen deshalb das Prinzip der Waageeinstellung genau verstehen lernen.

Die in diesem Buch beschriebenen Drachen haben eine Waage mit einem entsprechenden Waagering (zwei Waageringe beim Lenkdrachen) zur Befestigung der Leinen. Dieser Ring ist so angebracht, daß man ihn durch Auflockern des Buchtknotens jederzeit verschieben kann. Dieses Verschieben sollte jedoch immer nur zentimeterweise geschehen (Abbildung 2).

Steigt Ihr Drachen nicht in die Höhe, obwohl ein gut spürbarer Wind vorherrscht, müssen Sie den Waagering (oder die Waageringe beim Lenkdrachen) in Richtung Drachennase schieben. Dabei verbessert sich das Steigverhalten. Die Richtungsstabilität jedoch wird immer schlechter, je höher Sie den Waagering zur Drachennase schieben (Abbildung 3 und 5).

Schießt Ihr Drachen aber wie eine Rakete in den Himmel und verliert seine Stabilität am höchsten Punkt der Flugbahn oder dreht unkontrollierbare Kreise, wird der Waagering nach unten geschoben. Dabei verbessert sich die Richtungsstabilität des Drachens. Er wird jedoch etwas mehr Wind brauchen, um problemlos zu steigen. Auch die Zugkräfte werden bei dieser Einstellung anwachsen. Wird der Ring zu weit nach unten verschoben, läßt der Drachen sich nicht mehr starten (Abbildung 4 und 6).

Diese Zusammenhänge gelten nicht nur für einleinige Drachen, sondern auch für zweileinige Lenkdrachen. Bei den Lenkdrachen müssen Sie darauf achten, daß Sie die Waageringe immer links und

rechts im gleichen Verhältnis verschieben. Andernfalls wird der Lenkdrachen unterschiedliche Flugkurven am Himmel beschreiben. Andererseits können Sie ein asymmetrisch gearbeitetes Segel durch eine entsprechend asymmetrische Gegeneinstellung der Waage wieder ausgleichen.
An dieser Stelle der theoretischen Flugstunde müßte Ihr Drachen nun stabil am Himmel stehen.

4

Lenkfiguren

Sollten Sie jetzt einen Lenkdrachen an der Leine haben, wird es Zeit Ihnen ein paar Lenkfiguren beizubringen.
Das Lenkverhalten eines Lenkdrachens läßt sich am einfachsten mit einer Fahrradfahrt vergleichen.

5

- **Geradeaus** fliegen bedeutet, daß Sie Ihre Hände im gleichen Abstand vor dem Körper halten (bei exakt gleich langen Schnüren).
- Eine **Linkskurve** wird eingeleitet, wenn Sie die linke Hand zum Körper hin bewegen. Achten Sie darauf, daß der Drachen diesen Kurvenflug so lange beibehält, bis Sie Ihre Hände wieder auf gleiche Höhe vor den Körper bringen.
- Genau entgegengesetzt verhält sich der Bewegungsablauf bei einer **Rechtskurve**.

6

Sie werden schnell herausfinden, daß die Strecke der Armbewegung den Kurvenradius beeinflußt und die Schnelligkeit des Bewegungsablaufes das Reaktionsverhalten von „soft" bis „crisp" erscheinen läßt.
Übertreiben Sie Ihre Lenkmanöver nicht zu sehr, sonst gehen Sie am ersten Flugtag mit einer unangenehmen „Crash-Erfahrung" wieder nach Hause. Versuchen Sie erst einmal, den Drachen auf gleichmäßigen Bahnen von links nach rechts in einer Höhe von ca. 15 Metern über dem Boden zu lenken.

Landen des Drachens

Auch der schönste Flugtag neigt sich irgendwann einmal dem Ende entgegen, und dann wird es Zeit, den Drachen zu landen.

Bei einem einleinigen Drachen wickeln Sie langsam und gleichmäßig die Leine wieder auf die Schnurspule auf. Sollte der Drachen zu sehr am Seil ziehen, ist es ratsam, einen Handschuh zu benutzen, um das Seil langsam herunterzudrücken. Gehen Sie dabei auf den Drachen zu, damit sich die Leine nicht verknäulen kann.

Das Landen eines Lenkdrachens ist etwas schwieriger. Niemals sollten Sie versuchen, den Drachen fangen zu lassen oder die Schnüre beim Fliegen aufzuwickeln. Ein Lenkdrachen läßt sich auf die Landeposition hinlenken. Steuern Sie hierbei Ihren Drachen an den Windfensterrand, d. h. soweit wie möglich nach rechts oder links. Der Drachen wird an dieser Stelle immer mehr an Höhe verlieren. Im letzten Moment gehen Sie ein paar Schritte auf den Drachen zu und setzen ihn vorsichtig ab.

Verstauen Sie immer erst Ihren Drachen, bevor Sie die Leinen oder das Zubehör wegräumen. Schon so mancher Drachen hat sich, am Boden liegend, selbständig gemacht und wurde vom Wind angehoben und beschädigt.

Wurde Ihr Drachen beschmutzt oder naßgeregnet, müssen Sie ihn zu Hause vorsichtig reinigen und trocknen lassen. Dabei aber keine kraftvolle Scheueraktion auf dem Segel veranstalten.

Drachenketten oder Gespannflug

Nahezu jeder Drachen kann als Kette oder Gespann geflogen werden. Wichtig ist dabei nur, daß immer baugleiche Drachen miteinander verbunden werden.

Der kleine Spin-Dart und der Lenkdiamantdrachen aus diesem Buch eignen sich sehr gut für solche Flugexperimente. Auf jeden Fall muß man darauf achten, daß bei steigender Drachenstückzahl die resul-

3

4

Windskala

Wind ist eine natürliche Erscheinung auf diesem Planeten. Aber natürlich ist Wind nicht gleich Wind …

Bft.		km/h
1	leiser Zug	0– 5
2	leichte Brise	6–11
3	schwache Brise	12–19
4	mäßige Brise	20–28
5	frische Brise	29–38
6	starker Wind	39–49
7	steifer Wind	50–61
8	stürmischer Wind	62–74
9	… besser, Sie gehen nach Hause!	

(Bft. = Beaufort)

Die Windgeschwindigkeit nimmt im Regelfall bei steigender Flughöhe stetig zu.

tierende Zugkraft ansteigt. Die Drachenschnüre, der Leitdrachen und auch der Drachenpilot unterliegen einer höheren Beanspruchung. Aber meistens ist das optische Erscheinungsbild der Hauptgrund, eine Drachenstaffel aufzubauen.

Gehen Sie dennoch immer nur mit kleinen Schritten voran, d. h., bauen Sie nicht gleich ein 15er Gespann vom Sport-Dart.

Anhand der obigen Abbildungen erkennen Sie den prinzipiellen Aufbau eines Drachengespanns.

Beim kleinen Spin-Dart werden alle fünf Waagepunkte ausgenutzt (Abbildung 3). Anders beim Lenkdiamanten. Hier genügen drei Punkte (Abbildung 1). Der Abstand der Drachen sollte ca. 80 cm bis 120 cm betragen. Die Befestigung der parallel laufenden Verbindungsschnüre zum vorangehenden Drachen kann mittels kleiner Clips erfolgen. Eine einfache Knoten-Schlingen-Kombination ist ebenfalls möglich, wie die Abbildungen 2 und 4 zeigen. Alle Verbindungsleinen müssen gleich lang sein.

Sicherheitshinweise

Und nun noch einige Sicherheitshinweise, die Sie unbedingt beachten sollten.

- Fliegen Sie nur an Orten, wo für Menschen, Tiere und Umwelt Gefahren und Schäden ausgeschlossen sind.

- Wählen Sie nur Windstärken, bei denen Sie Ihren Drachen noch gut beherrschen können.

- Fliegen Sie niemals in der Nähe von Antennen und Hochspannungsleitungen jeglicher Art, in der Nähe von Flughäfen oder Straßen.

- In Deutschland gibt es eine maximal vorgegebene Flugleinenlänge von 100 m und 80 m in Wohngebieten. Erkundigen Sie sich im Zweifelsfall beim zuständigen Ordnungsamt.

- Beachten Sie auch die Flughinweise an Stränden oder Deichen. In Landschafts- und Vogelschutzgebieten darf ebenso wie in militärischen Tiefflugzonen nicht geflogen werden.

- Fliegen Sie niemals bei einem Gewitter. Auch wenn keine Blitze am Himmel zu sehen sind, kann es zu einem gefährlichen Ladungsaustausch über Ihre Drachenleinen kommen.

- Lassen Sie keine (für Tiere lebensgefährliche) Reste von Segel, Gestänge oder Leinen auf dem Flugfeld zurück.

Anhang

Viel eher, als man glauben mag, sind alle Bauanleitungen durchprobiert, und das Verlangen nach weiterführenden Hinweisen ist schnell entflammt.

In den letzten Jahren hat sich in Deutschland eine sehr aktive Drachenszene entwickelt. Gab es 1990 ca. 50 Drachenläden, so sind es mittlerweile etwa 350 Adressen, wo Sie Drachen und Drachenzubehör kaufen können. Aber auch die Zahl der Drachenflieger hat extrem zugenommen. Viele dieser begeisterten Drachenfreaks haben sich mittlerweile in Clubs und Vereinen zusammengeschlossen.

DCD
Drachen-Club-Deutschland e. V.
Postfach 35 01 27
40443 Düsseldorf

oder

DCB
Drachen-Club-Berlin „Aero-Flott" e. V.
c/o K.-P. Berthold
Königstraße 13
14109 Berlin

Diese beiden größten Vereinigungen haben eine eigene Vereinszeitung und stehen jederzeit mit Rat und Tat zur Verfügung. Hier erhalten Sie auch Adressen von kleineren Clubs oder Drachenläden in Ihrer Nähe. Neben den Vereinszeitungen gibt es aber auch noch zwei weitere Zeitschriften auf dem Markt:

Drachen-Magazin
Postfach 20 18 63
20208 Hamburg

und

Sport- und Design-Drachen
Verlag für Technik und Handwerk
Robert-Bosch-Straße 4
76532 Baden-Baden

Vielerorts werden jedes Jahr Drachenfestivals veranstaltet. Hier treffen sich Drachenakteure aus dem In- und Ausland und zeigen ihre Meisterwerke. Viele Künstler sind auch darunter. Sie haben die Drachen und den umgebenden Himmel für ihre Kunst neu entdeckt.
Der Besuch auf einem Drachenfest, egal wie groß, wird einen langanhaltenden Eindruck bei jedem interessierten Besucher hinterlassen. Die entsprechenden Termine und Orte erfahren Sie bei den Clubs oder Fachmagazinen.